金颖 著绘画

北京大学出版社
PEKING UNIVERSITY PRESS

图书在版编目（CIP）数据

有我陪着你 / 金颖著绘画 . —北京：北京大学出版社，2017.1
ISBN 978-7-301-27646-4

Ⅰ. ①有… Ⅱ. ①金… Ⅲ. ①情感-通俗读物 Ⅳ. ① B842.6-49

中国版本图书馆 CIP 数据核字 (2016) 第 243792 号

书　　　名	有我陪着你 YOU WO PEIZHE NI
著作责任者	金颖　著 / 绘画
责任编辑	刘　维　代　卉
标准书号	ISBN 978-7-301-27646-4
出版发行	北京大学出版社
地　　　址	北京市海淀区成府路 205 号　100871
网　　　址	http://www.pup.cn　　新浪微博：@ 北京大学出版社
电子信箱	yangsxiu@163.com
电　　　话	邮购部 62752015　发行部 62750672　编辑部 62764976
印　刷　者	北京联兴盛业印刷股份有限公司
经　销　者	新华书店
	787 毫米 ×1092 毫米　16 开本　13 印张　156 千字 2017 年 1 月第 1 版　2017 年 3 月第 2 次印刷
定　　　价	45.00 元

未经许可，不得以任何方式复制或抄袭本书之部分或全部内容。
版权所有，侵权必究
举报电话：010-62752024　电子信箱：fd@pup.pku.edu.cn
图书如有印装质量问题，请与出版部联系，电话：010-62756370

前言

陪伴，是我写给你的不二情书

亲爱的朋友，扫描二维码，就可以听到我为你们读的本部分内容

  有个可爱的小天使，一直无忧无虑地在天堂生活。但就是因为天堂太完美了，他感觉很无聊，就对爸爸说："请给我一些有挑战性的任务吧！"爸爸想了想说："你去把太平洋填平，让人间多些陆地吧！"小天使很兴奋地说："领命！"然后非常快乐地拍拍翅膀飞走了。

  三天不到，他就飞回来了。一边擦着额头上的汗，一边自豪而满足地对爸爸说："我完成任务了！老爸，再给我一个更加有挑战性的任务吧！"爸爸想了想说："你去把喜马拉雅山挪个位置吧，让出一条路来给人类通行。"小天使非常开心地说："是！"然后非常非常快乐地拍拍翅膀飞走了。

  十天不到，他就风尘仆仆地飞回来了，满脸笑容，继续缠着爸爸要任务："老爸，你给我的这些事情都太简单、太没有挑战性了，我想要一个非常有挑战性的任务！"爸爸想了三天三夜后，对小天使说："这样吧，你到人间教会人们如何相爱吧！"小天使兴奋地说："太好了！老爸，我们过两天见。"然后他头也不回地飞走了。

　　三天过去了，三个月过去了，三年过去了……可是这个小天使却再也没有回到天堂。

　　这是我最爱在我的课程中分享的一个故事。学员们总是在故事的开始被我生动的表达深深吸引，却在故事的结局陷入深思。再也没有飞回天堂的小天使，看来他接受的任务极具挑战啊！

　　那么人与人之间的相爱，真的是一个"不可能完成"的事吗？我不确定。因为，我于1996年从华东师范大学心理系毕业后，就一直坚守在心理学的学习、运用、实践、传播和教学领域，我发现绝大多数人最大的痛苦和心碎都和"爱"有关。包括我自己，也在"爱与被爱"的这个人生课题上跌跌撞撞，体验了非常多和巨大的心碎与痛苦。同时，你随便打开某个网站或者新闻APP（应用程序），会发现点击率最高的文章类型一定有情感类，而且被围观的主题不是"离婚"和"外遇"，就是"劈腿"和"小三"。有时候，你真的很容易失去信心，对自己、对爱情、对人性、对未来。这也是为什么现在的剩男剩女和持独身主义观点的人越来越多的原因，即便内心对爱无比期待和渴望，却都不敢打开心门，就怕一不小心会受伤。

　　但也许我们都错了！确切地说，我们真的都错了！爱情和婚姻真的不是我们以为的样子，也真的不是童话故事里说的"灰姑娘和王子从此就幸福地生活在一起了"，更没有言情小说里的完美男女主角和韩剧里的"都教授"。

　　事实上，爱情和婚姻是用来修炼与成长的，所以，那个你以为是最亲密、最信任的人一不小心就成了"伤你最深""刺你最痛"的人，他总能极其精准地刺激你敏感的神经，一次次挑战你的底线。这个"爱情和婚姻无法满足任何人的幻想和需要，甚至还会创造痛苦和心碎"的真相，完全打破了每个人当初的想象与期盼。

　　不过，亲爱的，千万不要失望和放弃！不要因为受伤和心痛，就把自己和爱情关进心灵的囚牢中，还建造起一堵高高的城墙将希望和信心隔离在外。亲爱的，我知道真的很痛很痛，但你有没有发现，但凡能够让你很痛的其实最初都异常的美丽和美好呢？亲爱的，我知道真的很痛很痛，但如果你不再试试，怎么知道下一个不是最对的呢？亲爱的，我知道真的很痛很痛，但这一切都会过去的！我向你保证！

黑暗，是暂时的，而光与爱，还有我，一直都在！

亲爱的，千万不要执着于某个人不放，认定只有他才是你的唯一和最爱，认为没有了他，你就不可能快乐与幸福。事实上，我们每个人一直努力追求的一切，无论是财富、地位、成就，还是爱人、关系、家庭，都不过是为了找寻"安全感""有价值"和"被爱"而已。特别是爱情，你以为自己渴望和寻找的是那个专属的他，其实你要的就是一份温暖而持久的陪伴，一个可以懂自己、理解自己和接受自己的人。但那个人一定不会是离开你的他，而一定会是下一个真正属于你的真爱。

所以，不要怕受伤，不要怕失去，不要怕体验挫折与痛苦。实际上，快乐、幸福、坚强、包容、勇敢和忧伤、难过、失望、愤怒、挑剔、怯懦组合在一起，才有了真实而完整的"我"和丰富的人生体验。

亲爱的，大胆一些，大胆地去冒险、去改变、去爱、去投入！而且你一定要知道：你不是一个人，有我陪着你，陪着你一起笑，陪着你一起哭。如果你

幸福，我会为你喝彩与祝福；如果你遇到伤害，我会陪着你一起把伤害变成一次蜕变的机会。

作为一个从业二十多年的心理专业人士，我一定要告诉你：所有的伤痛背后都有礼物。当我们学会打开这份礼物，找到其中的意义和价值并保持对生命的信任时，你会发现，忧伤一次次穿透你的灵魂，却让伤痛在生命中开出艳丽的花朵。"越痛越艳"地活着，才是真正完整、精彩而圆满的人生。

而作为一个和你一样的同行者，已经走过风雨人生43个春秋的我，曾经错过了当初认定要嫁的人，曾经也有放不下的情和伤。至今我那16岁花季少女的梦还在，偶尔还会想起曾经爱过的人，那些为爱而受的伤和付出的代价依旧清晰可见。但我发现：一切都成为再也回不去的过往，我们唯一可以做和只能做的就是学着自己长大，在人生的风雨中温柔地伴着自己继续前行。

亲爱的，我要再次对你说："你不是一个人，有我陪着你。"在无数个夜晚，我不厌其烦地把这句话说给你听，因为陪伴，就是我写给你的不二情书。

也许，我就是开篇故事里那个可爱的、不安于现状的、想要挑战和证明自己而来到人间教导大家如何相爱的小天使，要把爱和温暖用文字、声音和图画传递给你，把你从各种人生的大梦中唤醒，直到你学会相信自己、相信爱情，把爱当作自己的信仰！

2016年7月1日

目录

第一章
那些关于爱的误解与真相

当爱已成往事	002
不要再做爱情的伪善者	005
会痛的不是爱	009
真正爱一个人很难	012
你如果爱我,就应该……	016
你那港囧式的爱情	020
你远比你以为的要得多	024
是什么决定了两个人相爱相守	028
亲爱的,没有谁一定离不开谁	032

第二章

爱情不糊涂，慧眼识真爱

爱情和面包，你到底选哪个	038
到哪里找那么好的人	042
别爱上需要"加工"的男人	045
不要嫁给自私的男人	049
已婚男人不为人知的诱骗术	054
你是在找"爸爸"，还是在找"老公"	059
怎样才能吸引到想要的爱情	063
嫁给不爱的人会幸福吗	067

第三章

穿越婚姻里的激流险滩

当婚姻遇到财务出轨	072
怎么判断一个男人是否有外遇	075
当他说"我对你没有感情了"	079
婚姻忠诚协议有用么	084
女人要不要做全职太太呢	088
离婚,与孩子无关	092
他外遇,是你写好的剧本	096
你为什么不说"滚"	100

第四章

做智慧的另一半，让幸福加倍

越承诺越自由	104
有时候我们需要一些善意的谎言	109
对与错真的不重要	113
你可以自私，但不能绝情	116
如果他不是我老公	120
有时候我们需要认命	125
要修复而不要报复	131
当你认可自己时，老公自然就变了	135
用对方需要的方式去爱他	139
要不要偷看爱人的手机	144
我们不冷战了，好吗	148

第五章

准备好了么？迎接更美丽的邂逅

做真实的自己才能获得真正的爱情	152
我值得深深地被爱着	156
有没有爱情，都要爱自己	160
接受才是改变自己的开始	164
没有"无源无故"的情绪	168
不能再把自己随便地处理掉了	172
面对两难选择，该怎么办	176
别把自己关在"心灵囚牢"里	180
惊喜，不是等来的	184
你的心灵垃圾多久没有倒了	187

后记   **190**

第一章
那些关于爱的误解与真相

我们总以为找到那个他,就会一辈子幸福了,
却不知道,其实没有人可以百分百满足自己的需要。
爱,是用来相遇的,但更是用来成长和改变的!

当爱已成往事

亲爱的朋友,扫描二维码,就可以听到我为你们读的本节内容

当爱已成往事,需要的不是遗忘,而是持续地相信。

雯对我说,要尽早地离开这座生活了12年的城市,因为走到哪里都有他的影子。每每经过那个熟悉的街角,想着就是在这条上下班必经之路,一不小心和他撞了个满怀而撞进了爱情里,她的眼泪总是忍不住瞬间滑落。家旁边的那个咖啡厅里曾经温暖而有情调的灯光和歌曲,现在全部都成为挑动她脆弱神经的刺激。甚至她开始害怕黑夜的到来,害怕一个人躺在那宽大而舒适的床上入睡,即便在他离开后,雯将所有的用品都换了新的,但她依旧可以闻得到那熟悉的气息,在深夜里依旧渴望和留恋曾经的拥抱。雯很不理解,为什么自己已经用尽所有的力气来遗忘他,但回忆却还是那么刻骨铭心和清晰了然。

可能在每个人的心里,都有一段想忘却忘不了,而每每想起就感觉心痛的往事。只不过,有些人比较擅长压抑和回避,假装自己毫不在乎的样子去开始和面对新的生活。而又有一些人却和雯一样,喜欢自我折磨,总是让自己生活在心碎的过往里。无论你是前者还是后者,最重要的是,当爱已成往事时,你需要的不是遗忘,而是持续地相信。相信自己,也相信爱情;相信自己值得被爱,也相信爱情是值得信任的；相信自己只不过失去了一个有缘而无分的人，而真正属于自己的他就在不远的街角静候着与你相遇。

很多人，当爱已成往事时，失去的其实不是一个自己深爱的人，而是对爱情的信任和对自己的信心。当那个他离开的时候，我们很容易做出一些错误的认定，那就是"我不够好，我不值得被爱""爱情是痛苦的，爱情是不能信任和依托的"。因为我们的内在会有一个错误的逻辑——如果自己足够好，对方怎么可能会爱上别人，或者会离开。于是，表面上也许我们也认定那个负心人有着很多的问题和不应该，可在潜意识里，我们给自己和爱情却定了一个"死罪"。

但事实上，爱情真的和一个人是否优秀和足够好无关，而和两个人是否真正有缘还有分相关。在这个世界上，我们和其他人的关系基本可以分为三大类。第一类是和我们无缘无分的人，我们和他们可能生活在同一座城市，甚至还可能住在同一个小区，但却一辈子都是两条平行线而永远没有任何交集，老死不相往来。第二类是和我们只有缘而无分人，我们和他们会在茫茫人海中相遇，但无论其间发生过什么惊心动魄的事情，也许是爱得死去活来，最终命运会让一切用遗憾画上一个句号。就像我的一个闺蜜，和男友恩爱了8年，谁都以为他们会白头偕老成为爱情的典范，可他最终娶的新娘不是深爱的她。第三类是和我们有缘有分的人。我也曾经以为只要两个人相爱就会克服一切困难而相守，后来终于明白，相爱的人未必真的会相守，决定两个人是否可以携手一生的不是爱情，而是彼此是否有缘又有分。

所以，当爱已成往事，你要做的不是强迫自己去忘记那个人，而是要强迫自己再次爱上自己和相信爱情。因为只有这样，你才能有力量去抵御无人的深夜涌上心头的失落和伤痛，去自我修复心灵的创伤。更何况，从心理学的专业角度来看，没有任何人可以抹掉自己的

记忆,我们的潜意识超级完美和忠实地记录着此生所有发生过的事情和体验过的感觉。你会发现,当你越想去遗忘的时候,你越容易想起。

既然忘不了,又何必为难自己呢?与其花时间和精力去强迫自己对抗记忆,不如问问自己:我要怎么做才可以再次爱上自己?而后想方设法地和自己谈一场恋爱吧,这是你宽慰失爱的自己的最佳选择。

人生的风雨越大时,
越要呵护好你的心,
因为,它才是源头,
是让你幸福的起点。

不要再做爱情的伪善者

亲爱的朋友，扫描二维码，就可以听到我为你们读的本节内容

有时候让你伤心的不是爱情，而是你的自尊和伪善。

大家都不看好的一对分手了，结局是早预料到了，但剧情却有些意外。一直以为会是馨儿先提出分手，因为每次闺蜜聚会时，只要提到大卫，馨儿总是一堆的抱怨和不满。好几个姐妹也常常在听烦了馨儿的这点事时，问她："这么差劲的男人，你怎么就不和他分手呢？"馨儿说："这种伤人的事情，我怎么做得出啊！"甚至好多次，馨儿刚刚数落过大卫，大卫就一脸笑容地出现在聚会现场来接她回家，而馨儿总是可以做到瞬间变脸，从失落的怨妇一下子成为了俏媚的少妇。大卫的离开原本是件好事，因为他和馨儿的差距实在太大了，不光站在一起实在不般配，而且在性格、兴趣、爱好、学识等方面两个人都很难匹配。现在这个结局，众姐妹都开心，馨儿终于自由了，不用做她说的恶人，而且可以把身旁的位置腾空来等候那个属于她的真爱。令众姐妹没有想到的是，馨儿一改平时的优雅矜持状，做起了泼妇，三番五次地找到大卫，一定要大卫给自己一个交代。馨儿说："我想不通，她哪里比我好，要身材没有身材，要外貌没有外貌，还是一个大专生。"旁人怎么规劝都没有用，馨儿就是难以自

控,直到我很直白地对她说:"让你伤心的不是爱情和他,而是你的自尊和伪善。你的失落不是因为对方离开,而是因为他先告别。你不是失去了爱,你是丢了面子。"

馨儿瞪着大大的眼睛看着我,她想要反驳,但最终安静下来,长叹一口气说:"其实我也知道他不适合我,我早就想要离开他,只不过当初觉得他用尽心思地苦追自己,想着他的好脾气,才一直煎熬到现在。没有想到,竟然他会……再加上看到他另外找到的那个女的,实在是和我相差太大,我就更加难以接受,他怎么会选择那样一个女人而放弃我!关键是,为什么是他先开口说分手啊,要说也应该是我先说吧。"

我遇到过好多和馨儿一样被自尊心折磨坏的人,本来并不满意原有的关系和那个他,甚至也在暗自期待、渴望和找寻更加合适的伴侣,但就是不愿意先开口说一声"再见"。可是后来事情意想不到地演变为对方先提出分手时,当初那个心不甘情不愿、将就的人反而成为受伤最深和难以自拔的人。我把这类人称为"爱情的伪善者",他们假装自己是好人,是爱情的维护者和受害者,却不知,真正伤了自己的正是这份不真实和自尊心。

我们从小都被教育要做个好人,我们也真心想做个好人,但很可能一不小心做了个"伪善的人",误以为维持表面的和谐就是好人,牺牲自我成全他人就是好人。在为人处世上如此,在爱情上亦是如此。我们并不百分百满意自己现有的关系,却又没有勇气面对自己的真实感受和需要。

另外,我们在意的不是分手,而是谁先提出的分手,也是自尊心在作怪。"失去的才是最好的",在这里可以修改为"失去的就变成最好的了"。我想分享一个你很可能不知道的心理效应名词,就是

当善良被过度包装时，
美好只不过是个面具，
有时候真相看似残忍，
却可以让爱获得自由。

"心理电阻"（出自《怪诞心理学》）。具体来说，就是当一个人受到阻碍，不能自由地追求和拥有想要的，那个想要的人、事或物就变得令人向往，甚至让人欲罢不能。这就是为什么一些原本你不太爱吃的食品，被贴上"最后10个"这样的标签后，大多数人会莫名其妙地觉得那一定很好吃。馨儿就是处于这样的心理效应里，不是大卫有多好，而是因为突然失去，馨儿原本的拥有感和优越感受到阻碍，大卫突然就变得让她离不开，甚至欲罢不能了。再加上关系的分离本身就是对已经形成的某些惯性的打破，这种失衡感也会让人误以为自己离不开，但事实上，没有谁会离不开谁，而生命的每一次失衡都会自动地再次找到平衡，只要你给自己足够的时间和耐心。

　　如果你也不小心和馨儿一样，做了一个爱情的伪善者，请对自己坦诚和真实点。与其那么痛苦地自我毁灭和折磨，不如直面自我的虚伪和失衡，承认一切都是自尊心惹的祸而非爱情。勇敢地认识到，其实当初你已经不看好这个人，你也不愿意去坚守这份关系，只不过后来因为面子，因为你认为应该先说分手的是自己，所以你才这么痛苦。

　　承认自己的伪善，承认自己的不真实，每当自己失落、伤心时，就提醒自己：我不是因为爱这个人而伤心，而是因为失衡而难过。这样，你才会快速摆脱一份其实没有那么痛苦的情感，而让真正适合你的人有机会走向你。

会痛的不是爱

亲爱的朋友,扫描二维码,就可以听到我为你们读的本节内容

> 会让你伤痛的不是爱,而是你的需要和得不到。

第一次听到"会痛的不是爱"这句话,是在恰克博士(Chuck Spezzano)的知见心理学工作坊里,当时的我正好处于失恋的痛苦之中。那种欲哭无泪却又撕心裂肺的痛,在每一次的呼吸间都可以让人感觉到窒息和无望,有一种很沉重的失落压抑在心里。我想不通"为什么会这样",更有一种强烈的愤怒,变为在头脑里一直疯狂盘旋的话语——"他怎么可以这样对我!"但一切都不以我的意志为转移地发生了,他肆无忌惮地在我面前和另外一个女人大秀恩爱。那一刻,我发现自己很恨,但恨的不是他,而是自己为什么会那么爱他,以至于让一切都变得那么伤痛。

所以,当听到恰克老师说"会痛的不是爱"时,我感觉真的不可理喻。如果不是因为深爱,把一切都给了对方,怎么会受伤呢?不受伤怎么会痛苦呢?如果我不爱他,他所有的言行关我什么事,我又怎么可能会轻易地被他打搅到?我估计这个老师没有什么恋爱经验,更没有什么失恋经验,没有感受过什么痛苦才会这么说。但我又转念一想,这个老师是国际知名的关系心理大师和心理学博士,是治愈戴安

娜王妃情感伤痛的专家啊！他这么说应该是有原因的。正当我纠结时，老师竟然跑到我的面前，看着我说："不管众多的情歌、爱情小说或浪漫电影是怎么说的，但'会痛的不是爱'。只有我们的需求会痛，只有得不到我们想要的才会痛。"老师看着我的眼睛，我看着他的眼睛，瞬间我就被他催眠了。我刚才还发着疯抽着筋的大脑就像短路一般，那句已经折磨了我好几个月的"他怎么可以这样对我"的话突然消失得无影无踪，而被老师刚才的那句"只有我们的需求会痛，只有得不到我们想要的才会痛"取代。

老师是对的！是啊，我当然需要他啊，我需要他继续爱我，需要他的拥抱，需要他再次深情，不，应该是需要他无数次不停地深情地看着我的眼睛对我说"我爱你"。我要他如同最初那般地对待我，而不是像现在这样不管不问，我需要他兑现曾经的海誓山盟……天啊，不就是因为这些我想要的得不到才这么痛苦的吗？于是，我问自己：这些是爱吗？不是，它们都是我的需要，是我有所需要但没有得到，我才那么痛苦。最初我是在爱，所以，我以对方的快乐为满足；后来，我以为我在爱，但实际上是将需求粉饰为爱。我给予他关心，是期待着他深情的回眸；我为他洗衣做饭，是等候着他满心的赞许和同样贴心的关怀；而我日渐深情的投入，是为了换取他永远的承诺。

会痛的不是爱？会痛的不是爱！如果痛，是因为你执着于自己的需要，而非你在爱中。

现在我也想把这句话送给你。如果你正被爱情的痛苦折磨着，想要早日摆脱，咬着牙在心里对自己多说几次"会痛的不是爱"，而后问问自己：真正让你痛苦的都是什么？是想要的什么没有得到？看看到底是哪些需求没有得到满足，你才会那么痛苦。而后试着放下这些需求，试着只是去爱，就只是单纯地去爱，如同刚刚开始一段关系那样，忘我地去付出，以对方的快乐为满足而不期待回报。

其实，要能够做到没有需求地去爱很难，如果你能做到，可以幸福着他的幸福，能够无所求地去爱一个人，那真心赞许你，因为在爱的路上你就此真正解脱了自己。当然，如果你做不到也没有关系，即便是在心里一直怨着他而放不下那些需求也很正常。我曾经用了很多年，学会宽恕和放下，现在还在学习无条件的爱的路上。不过，你可以试着把让自己伤痛的需求一一写下来，试着不是等着别人来满足，而是自己满足自己。如果你需要爱，就先自己给自己爱；你需要拥抱，就抬起双臂环抱住自己，给自己一个深深的拥抱；你需要被理解，就请先自己给予自己理解；如果你需要一个爱人，那就先让自己做自己最佳的伴侣吧。如果你需要谈一场恋爱，就试着用我在上篇文章《当爱已成往事》里谈到的方法，试着让自己爱上自己，自己和自己谈一场恋爱吧！

会痛的不是爱！如果痛，就先用爱去拥抱那个心碎的自己，用爱去呵护那个被失去和得不到深深困扰的内在小孩吧。

颖姐心语

恰克博士，知见心理学创始人，国际知名的关系心理学专家。拥有超过40年的心理咨询与心理工作坊的经验。戴安娜王妃因为读了恰克博士的著作，感受到了巨大的支持和陪伴，熬过她与查尔斯王子之间情感的心碎时期。我参加过恰克博士带领的大鸿运系列工作坊多达一百多天，他是我最爱的心灵导师之一。每次课程结束后，我的内心充满宁静和喜悦，心想事成的显化力大大提升。

"会痛的不是爱"，这句话需要我们细细去感悟。我们一直认为"因为爱，所以才那么痛"，怎么可能是"会痛的不是爱"？！但亲爱的，爱会带来喜悦和满足，需要才会带来失落和伤痛。

真正爱一个人很难

亲爱的朋友,扫描二维码,就可以听到我为你们读的本节内容

很多时候,我们以为自己是在爱,却不知道真正爱一个人很难。

我相信有不少人会很认同我的上述观点,因为他们很可能正在经历爱情的痛苦和纠结。但有不少人会反对我这个说法,因为他们自认为自己是在爱里,他们百分百确定自己真的很爱对方或者对方很爱自己。就像正处于热恋中的小熙一样,当她眉飞色舞地和我分享她爱的彼得是多么爱她,怎么为她创造了无数的惊喜时,我问她:"你真的有你认为的那么爱他吗?"小熙一脸诧异却又很确定地说:"那当然啊,我真的很爱他。"我似乎有些残忍地继续问:"真的吗?""真的啊!""如果他没有带给你这么多的满足,或者说日后他不再创造这些惊喜,你还会爱他吗?""这个……"小熙顿时陷入深思中。我知道,对于一个还在热恋中的人,我提的这些问题实在有些不尽人情,但很多恋人和夫妻,从最初爱得热火朝天,认定这个人就是自己一辈子的真爱,到后来分道扬镳甚至反目成仇,其根本原因在于大家都以为自己是在爱,但却不知道自己从来就没有真正爱上过对方。

真正爱一个人很难,这和我们每个人内心有两个清单有关:一个是我们的理想清单,另一个则是我们的需求清单。

不管我们是否可以清晰地意识到，我们的内心都有着一份理想清单，清单上写着的是我们对于爱情和爱人的幻想与期望。我们对于自己的另一半有着什么样的身材、长相、个性、特点，他和自己会有什么样的相处模式都有着清晰的设定，而这些设定条件有些是从原生家庭里的异性父母那里直接复制下来的，有些则是从小说、电影、广告等容易催眠大众的社会媒体那里植入的，还有些是社会的价值体系和原始本能的选择所决定的。当你让一个人明确说出对自己未来另一半的要求是什么时，如果她的回答是："没有什么要求，只要有感觉就好。"听起来这个人似乎没说出什么具体的要求，但实际上她说的有"感觉"就是这个理想清单了。只不过，有些人对于什么可以创造出自己的感觉很清楚，只是不好意思或者不愿意明说，有些人则比较缺乏清晰的自我认知而真的就只是停留在感觉层面。所以，当我们刚刚开始和自己感觉不错的人交往时，其实我们的关注点都在自己的想象和期望上。当对方表现得和我们期待与幻想的一样时，我们就感觉自己找对人了，感觉对方很爱自己，自己也很爱对方。当对方的表现和自己清单明细里有所不同和产生差距时，我们的迟疑、不满、烦恼、难过就出现了。所以，我常常说，很多时候，我们爱上的不是对方，而是对方带给自己的感觉。这就是为什么很多人分手后会说"没有想到这个人是这样的"，认为自己爱错了对象。其实，那个人就一直是那个人，只不过你的关注点一直都在自己的感觉上，从来没有花心思去真正深入地认识和了解对方而已。

另外一个清单就是需求清单，上面写满了我们从小到大没有被满足的需要和我们认定只有那么做才是爱自己的各种表现。比如见面就吻，睡觉前要拥抱着你说"晚安"，早晚为你挤好牙膏，散步时始终牵着你的手……其实，我现在说的这些都只不过是我个人的需要，我

让你失望的不是他,

而是你对他的幻想,

不是你没认清对方,

而是你不了解自己。

无法把每个人的需要都清楚地描述出来,因为每个人对于爱的认定是不同的。有的人喜欢听蜜语甜言,有的人喜欢身体的触碰,有的人需要得到实际的礼物,有的人需要一种氛围……每个人都在自己设定好的需求程序里就对方的表现来做出判定——他到底有多爱我!我到底有多重要!于是,当对方符合了清单上的期待,我们就给彼此的感情加上一分;如果对方没有满足清单上的需求,我们就给对方的表现扣掉很多分。我们以为自己在爱,其实是在索取和交换。我们把自己各种的需求包装成爱，而后等候着收获付出后的回报。

这就是为什么大多数人的爱情是痛苦的原因——我们把所有的幻想和希望都寄托在那个他身上，期待着他百分百符合自己的想象，满足自己的需要。一旦对方没有表现出自己所想的就失望、伤心、生气，觉得对方不够爱自己，甚至后悔为什么不早点认清这个人的真面目。但事实上，不是他不够爱你，而是他不知道或者做不到用你需要的方式去爱你；也不是你没有早点认清对方，而是当初你爱的本来就是被你光晕化了的他。

我一直在想，如果我们每个人在开始一段感情的时候，试着问问自己：我是否真正地爱上了对方？如果拿掉我对爱情的幻想和需要，不看这个人对我的付出，而看这个人本身，是否有深深吸引我的地方？也就是说，当我们爱上的不是自己的感觉和需求被满足，就只是那个人，那个不完美却真实的他，会不会让恋情可以走得更远、更长久？

你如果爱我，就应该……

亲爱的朋友，扫描二维码，就可以听到我为你们读的本节内容

> 那些不舒服的体验，让我们深刻感受痛并快乐着的人生，并有机会从中学习与成长。

很多爱情和关系其实都毁在一个看似合理却非常没有道理的要求下，那就是："你如果爱我，就应该……""如果你爱我，你就应该知道……""如果你爱我，你就应该做到……"

米儿已经不理睬她家那口子有一周的时间了，两个人就像同一个屋檐下的陌生人一样，彼此都视对方为空气，完全没有了婚前的甜蜜和恩爱。偶尔两个人的眼睛对上了，米儿不是给对方一个白眼，就是假装没有看到，米儿的他几次似乎想要开口说些什么，但最终都还是咽回去了。

起因是最近两个人常常有小摩擦，前两天还差一点动了手。米儿就专门找了一个时间，和老公做了一次沟通。开始小两口谈得还不错，米儿很给面地先自我反省，承认自己比较强势，有很多地方做得不够，让老公给自己提意见。而老公自然就随着她的话题和要求提出了不少他认为米儿可以改变和提升的地方，米儿在一旁一边听一边承认自己的不足。但是，这样一次看似可以缓解矛盾、加深感情、特别顺畅的沟通，却成为更大矛盾的爆发点。原因就在于当米儿检讨完自己，说了句："嗯，你说的都特别对，这些都是我的问题，以后我一定改正，那你接着说说你自己呗。"而这个可爱的老公,就简单地回复了一句话:"我也有不对的地方,以后我再细致些,控制好自己的脾气。"米儿问:"完了?"老公答:"完了!"米儿气得转身就走,老公有些摸不清状况,问米儿:"这不谈得好好的吗?你怎么又来情绪了?"米儿就更生气,彻底和他冷战起来了。老公刚刚开始还试图哄哄她,但几次努力没有看到效果,就干脆自顾自地忙其他事情去了,而米儿就更加觉得来气,于是一场发生在家庭里的冷战就这么持续了一周。

米儿说:"其实也没多大的事,但自己心理就是过不去那个坎。本来我们沟通得好好的,但为什么到最后都是我的错啊,都变成是我要改!而他为什么就不像我这样好好地检讨下自己呢?我就特别想他也好好地反省一下自己的问题,然后给出改变的保证和下次要怎么做的总结。"我笑着问米儿:"你的意思是你有一个沟通句式,它们的组合是:'老婆,我错了!你看,我在……和……做得不好、不对,我保证以后不再犯了,下次,我会……和……做!'对吧?"米儿说:"对啊,对啊,我就想他用这样的态度和方式总结问题啊,而不是简单地说'我也有不对的地方,以后我改'就完事了。"我又问米儿:"那你老公知道自己要按照这个方式来沟通吗?"米儿说:"他应该知道啊,之前我和他说过!"

"应该!""他应该知道!""他应该做到!"多少关系就毁在这个"应该"上啊!米儿之所以那么生气,就是因为她认定老公应该按照自己想要的表达方式去表达,而且,即便自己不说、不提醒,老公也应该知道这个标准,同时,老公还应该做到她认为作为她老公应该做到的事情!

就像我在上文中提到的,真正爱一个人很难,难就难在我们其实对于爱情和关系有着很多的期望和需要,本身这些就已经对感情造成障碍了,但偏偏还有很多人不会和另一半直接沟通与说明自己的需要

和渴望，一些与爱对应的关键词还常常被有意无意地屏蔽掉，因为他们的心里都有着这样一个想当然的谬论，那就是"你如果爱我，你应该知道"。却不知道这是个连心理专家都无法做到的事情，我们却要求伴侣成为比专家还厉害的超人，成为自己肚子里的"蛔虫"。不过，如果现在每个人的肚子里还有蛔虫的话（听说它们早被我们现在吃进去的各种毒素消灭干净了），也一定是无法了解这个人的真实想法的，因为很多时候，我们自己都不清楚自己真正想要的是什么。

所以，不要再坚持认定："如果你爱我，你应该知道啊！""如果你爱我，你应该这样对我……"，这些是对你的伴侣非常苛刻和无厘头的要求，对他不公平，而且只会徒增你自己的烦恼和伤痛。如果可以，就把你的需要温柔地分享给对方，帮助对方慢慢地了解和真正地懂你。但你也千万不要以为，你让对方懂了，他就一定可以做到。千万不要从"你如果爱我，就应该知道"晋级到"如果你爱我，你就应该做到"。我们都知道那样一句话："世界上最遥远的距离不是从地球的南极到北极，而是从人的头到脚，也就是从知道到做到的距离。"所以，要学会把分享就当作分享，而不是要求，不要强求对方可以做到我们想要他们做到的一切，就如同我们也无法做到对方想要的一切一样。我知道，如果对方没有做到你期望的，你一定会非常失落，有时候会感觉他不够爱自己，或者感觉关系不完美。因为我自己有时候也会有这样的感觉。比如说，我很希望每个晚上都有我老公一声温暖的"晚安"，但有很多时候，他总是还没有说这句话就已经睡着了。有时候他在外地出差，甚至会忘记告诉我他睡觉了，害我在家里苦等。即便我抗议过很多次，但这个男人总有疏忽的时候，而每每遇到同样的情况，我总是百感交集，但那又能如何呢？我只能用"婚姻就是一场修炼"来安慰和鼓励自己。

最近我发明了一招，效果还不错，你可以尝试一下。那就是我试着将"如果你爱我，你应该……"改变为"如果我爱你，我应该……"，如果我爱你，我应该更理解你和包容你；如果我爱你，我应该明白男人是单向思维，总是只能在一个时间里做一件事情；如果我爱你，我应该理解你不是不爱我，而是太累了和不注意细节与不善表达；如果我爱你，我应该更温柔地对待你，主动给你一个台阶，甚至有时也主动认个错……如果我们在关系里都不再使用"如果你爱我，你就应该……"，而是换为"如果我爱你，我就应该……"，那我们的关系会变得多么美好啊！我知道要做到这个并不容易，但试试又何妨？至少你的纠结会少很多。

让我们一起尝试允许有不完美和缺陷在生命中存在，允许对方和自己以为的有差距，也允许和感恩这些不完美和缺陷带给自己的失落和痛苦，因为正是这些让我们不舒服的体验，使我们深刻感受痛并快乐着的人生，并有机会从中学习与成长。

颖姐小语

很多人的人际关系其实都是"占有"和"被满足"式的。"一定要对方怎样"才能感觉到自己被爱，"一定要让自己感觉到怎样"才能证明对方爱自己。其实这些都源自小时候，我们被要求、被控制着长大，以为满足对方的需要才能得到被爱、被认可。即便我们自己并不喜欢这样被对待，却会不由自主地用这样的方式去对待身边的人，从而创造了人际关系里的很多问题和不快乐。

所以，当你意识到自己开启了"如果你爱我，就应该……"的模式，请对自己温柔地说"停"，而后问自己：我可以为爱人做些什么来让他感受到我的爱呢？

你那港囧式的爱情

 亲爱的朋友，扫描二维码，就可以听到我为你们读的本节内容

> 最好的不一定在你身边，但在你身边的一定是最适合你的。

有没有那么一个人，他一直都在你的心底，你从来不曾忘记却又不敢再次想起？有没有那么一个人，他和你的青春、你的梦想一起早就被生活带远，成为你那无法说也无法忘的遗憾？

也许我们心底都有着那么一个人，就像在徐来心底一直有着他的初恋一样。也许我们心底都有着那么一个梦想，但也像徐来一样，为生活所迫而早就放弃了！我们的初恋和我们最初的梦想都成为了美好而又难言的炮灰。看完电影《港囧》，想着由徐峥饰演的徐来，在香港的旅游大巴上，对着小舅子蔡拉拉吼着："我等了20年，就是要等一个机会，不是为了证明什么，而是为了告诉我自己，我的青春岁月真实存在过。"当时我就想到了这样一句话："曾经有份真挚的爱情摆在我的面前，然而我还没有好好感受，命运就让彼此天各一方，尘世间最痛苦的事情莫过于此。如果上天再给我次机会，我会对那个人说三个字'我爱你'，如果非要在这份爱上加个梦想，我希望是完成一直没有完成的一吻！"也让我想到了张爱玲的小说《红玫瑰与白玫瑰》里那句脍炙人口的名言："也许每一个男子全都有过这样的两个女人,至少两个。娶了红玫瑰,久而久之,红的变了墙上的一抹蚊子血,白的还是'床前明月光';娶了白玫瑰,白的便是衣服上沾的一粒饭粘子,红的却是心口上一颗朱砂痣。"

其实,何尝是男人如此?只要曾经有那么一个人,他在我们还不懂得爱情的时候就走进我们的心里,而命运又让这个人走出我们的生活,只留下一份美好和留恋,从此定格在记忆深处。

很多人常常对我说:"金老师,我忘不了他,怎么办?"有些人因为忘不了而无法开始新的感情,有些人却和徐来一样,早就有了归宿却始终对以往无法释怀。

有人说,都怪那个他太美好。诚然,《港囧》里由名模杜鹃扮演的杨伊,无论是在读书时代,还是后来成为名画家,外貌、身材、气质都呈现出超凡脱俗的美。但在生活里的真实情景却不一定和电影里一样。

我的初恋,比我高一年级,我们的感情维系了多年。初中三年的暗恋,加上高中三年和大学四年的书信往来,到工作后的电话联系。虽然他在我考上大学后对我表白被我拒绝了,但我们依旧有联络,因为有一份曾经最美好的感觉在心底。最终我们还是失去了联系,因为就在我工作后的第一年他向我借钱,那时的我每个月的工资也就八九百元,我把三个月的工资都汇给了他,他说过年前就还我。直到如今,15年过去了,钱没还,人也不见了。我不想说,真后悔曾经爱过他,我只能说,真后悔借钱给他。那个曾经多次在我梦里和我相依的初恋,如今想起来,只有一声叹息加上一点恶心再加上一些可怜,这就是我港囧式的爱情。

小蕾,大学毕业后,她的男友分配到了北京,而她留了上海。在送走了男友之后,她在男友的宿舍里整整哭了2天。5年后,两个人在

北京相遇，看着桌子对面那个曾经在校园里迷倒数人的他，发胖的身材和泛着油光的头发，特别是指甲缝里的黑色污垢，一点也没有当初那意气风发的文艺青年范，也没有京城人的霸气和味道。小蕾说，真后悔见面，心底那原本保留得尚好，甚至堪称完美的感觉，就这么毁了。那个曾经和小蕾相依了多年的人，在小蕾心里一直是遗憾的爱情，如今留下的是"还好当初没有在一起"的恍然大悟。这就是小蕾港囧式的爱情。

你呢，是否在你的心底也深藏着某个人，却在某天发现，其实你爱的只不过是心底的那份遗憾，那个一直未曾实现的心愿？或者你还有一份和徐来一样的蠢蠢欲动、心猿意马、不甘心接受命运的安排，只想再次证明"我的青春岁月真实存在过"？本来我想劝你，过去的就让它过去吧，但又想，如果徐来不去见杨伊，他是否会真的明白，那未完成的一吻，其实早就吻不下去了？而一直守护在自己身边，为自己牺牲成全的老婆菠菜，才是他最值得吻上一辈子的呢？

我们的人性啊，就是这样。当你有一个未实现和未完成的心愿，这个心愿就成为一种不灭的心灵能量，在你的潜意识里蠢蠢欲动。1927年德国心理学家蔡加尼克（Zeigarnik）曾做过这么一个实验：她交给一些人22种不同的任务，有一半任务要他们坚持完成，完成后才结束，另一半任务则在中途打断，不让其完成。做完实验后，让他们立即回忆刚才做了些什么任务。结果未完成的任务被回忆起的量，几乎是完成的任务平均被回忆量的2倍。这种我们对于尚未处理完的事情，比已处理完成的事情印象更加深刻、记忆保持得更好的现象就称作"蔡式效应"。从这个实验里可以看出，我们每个人身上其实都有蔡式效应，也就是说，我们每个人天生有一种办事有始有终的驱动力，人们之所以会忘记已完成的事情，是因为欲完成的动机已经得到满足；如果事情尚未完成，这个动机便使人对此留下深刻印象。

所以，也许你没有自己以为的那么爱他，如果你不想让一切美好变成"港囧"，就相见不如怀念吧！如果你还是按捺不住心底的完成欲，那我只想提醒你，最好的不一定在你身边，但在你身边的一定是最适合你的。"恋爱虽易，婚姻不易，且行且珍惜。"

放不下，
不是因为最爱，
而是因为得不到。

你远比你以为的要得多

亲爱的朋友,扫描二维码,就可以听到我为你们读的本节内容

> 那个男人无数次经由你的身体进入你的灵魂,让你慢慢地从独立变为依恋,再到依赖,最后到越要越多。

我特别不想把这种关系简单地定义为"出轨",也不想把其中的一方称为"小三"。因为我相信有些这样名不正、言不顺的关系中,是有爱情的。所以,我在这里说的不是那些削尖脑袋想方设法去破坏别人家庭、时刻准备篡位的小三、小四或者小五们。有些姑娘情愿坐在宝马车里哭也不愿意坐在自行车上笑,这对我这个有点上了年纪,同时还是以爱情至上、认定爱情是婚姻的必要条件的女人来说,是很难理解的,所以也不想就自己不那么理解的多说些什么。在这里我要谈的是上当受骗、为了爱情而毁了自己的傻女孩们。

每个周末都是琪琪最煎熬的日子,因为那是她爱的他回家陪孩子的专属时光。但琪琪知道,他并非只是为孩子才回去的,而这也是当初他们在一起时就约定好的!他爱她,会照顾她一辈子,但他也要维持好原来的家庭。所以,平时他一下班就会来公寓里看她陪她,偶尔也会陪她跨越整个城区到城市的另外一端去逛街、看电影。但无论多晚,即便是两个人激情似火或者温情缠绵到筋疲力尽,最适合倒头就睡的时刻,他都会在亲吻了琪琪的额头,留下一句"乖,好好睡觉,做个好梦"后翻身离去。期间琪琪也哭过、闹过、求过,要他留下来陪自己,但最后都还是她独自一人守着空空的房间。琪琪说:"我真的很爱他!我愿意为他做任何事情!而且我知道他也是真心爱我的。我们只不过是在不合适的时间里遇到了本该在一起的彼此,当初我也觉得有没有名分、留不留下来过夜、周末在不在一起都没有关系,只要我们真心相爱就好,只要他一辈子都可以照顾我就好。但现在我才发现,我错了,我要的不仅仅只有现在这些……"

其实那些明明知道自己爱上的是一个根本不可能给自己未来的已婚男人,最初也认定自己可以接受这个无奈的事实,不要名分地将爱情进行到底的傻姑娘们,你们要的远远比你们以为的多很多啊!只不过你们当初都自以为可以活得很潇洒,可以为爱情牺牲自我,可以什么都不要地在一份将就的关系里去感受所谓的爱情。而这些只不过是你潜意识里的"不配得感"在作怪,看似是为了爱情而献身,实质上你并不相信自己值得过更好的生活,拥有更完美的爱情和更完整的关系。

18世纪德国诗人歌德早就说过:"世界上最大的是海洋,比海洋大的是天空,比天空还大的是人类的心灵,其中通往女人心灵的通道就是阴道。"在张爱玲所著《色·戒》一书中同样有类似的一句惊世骇俗的话:通往女人心灵的路是阴道。而我要补充的是:满足男人占有欲的涌道还是阴道。所以,这就注定即便你一开始以为你要的不多,但当你和这个已婚男人在一起的时间越长,你一定会越要越多。因为那个男人无数次经由你的身体进入你的灵魂,让你慢慢地从独立变为依恋,再到依赖,再加上这个关系的名不正、言不顺,很多事情无法光明正大的压抑感也会在你的潜意识里被转化为一种饥渴,让你想要的就更多。如果再配合上女人天性的嫉妒心和本能的占有欲,这

有时候，我们不得不告别一些人，了断一份情。
这不关乎爱情和他人，也不关乎道德与伦理，
而关乎你是否可以通过自我灵魂的终极审判。

些错综复杂的心理动力都会让你越要越多。就像琪琪一样，原本很满足非周末时间的浪漫与甜蜜，到后来就开始无法忍受独守空房的寂寞与煎熬。

当你变得越要越多，难以接受和面对的也越来越多时，达成心愿的可能性不是越来越少，就是要以另外一个女人甚至还有孩子的心碎为代价。你会做什么样的选择呢？我始终认为，一个男人如果经受不住诱惑而为你背叛了自己的家庭，那么，很可能有一天也会背叛你，因为这就是因果。你是否认同我的观点不重要，重要的是你一定要知道：你值得过更好的生活！你值得拥有更完美的爱情和更完整的关系。

是什么决定了两个人相爱相守

亲爱的朋友,扫描二维码,就可以听到我为你们读的本节内容

> 但凡在一起的,总有在一起的道理;但凡分手的,也有分手的意义。

有些人一直焦虑遇不到好的他,但也有人却焦虑自己为什么遇到的他那么好!

小米的男朋友是名牌大学毕业的,家境特别好,工作也很棒,个人又很有思想,是个很成熟的男生,更关键的是——他对小米特别好。

小米却对我说:"亲爱的金颖姐姐,为什么我可以遇到一个那么好的他?!虽然他对我很好,可是我却总觉得自己配不上他,所以一直很努力很努力地改变自己。我是一个有些小忧郁的女生,比较多愁善感,所以,我要让自己变成那种更积极向上的人。但性格不是一天造就的,我经常会因为自己做不好而自责,所以压力好大,甚至想过放弃。金颖姐姐,有时候我会怀疑,是我不够喜欢他,所以才会想到放弃吗?我越是这样想,我越觉得自己很差很差,一点点挫折都承受不了。"

这个世间,有多少剩女都在愁自己找不到条件好、对自己又好的他,而我们可爱的小米却在焦虑自己怎么配得上这么好的他。到底是什么决定了两个人会相爱和相守呢?

很小的时候,我以为只要两个人有感觉,同时都对上眼了,就会在一起。

　　长大后，我才发现，除了感觉之外，两个人的一些外在条件、价值观、生活习惯等也是让两个人在一起或者分手的关键因素，这也就是小米和不少人认为的"相配"。

　　再后来，我又发现，不少外人看上去很不匹配，甚至连当事人自己最初也没有想到会合适的人，偏偏就在一起了。

　　我有一个钻石王老五级的朋友，单身了好多年，身边不乏爱慕他的女子，外貌好的、身材绝佳的、海外留学的、家境富裕的……他一个也没有看上却在最近宣布恋爱了。当朋友们大呼小叫急着要见未来的嫂子，想要看看到底是什么样的绝代佳人终于把他迷倒，却不想他带到大家面前的是一个外貌极其普通，同时还是离异带着两个孩子的中年妇女。我还有一个朋友，是红极一时的明星，在结婚给新娘戴上婚戒时两个人都潸然泪下，因为他们走在一起几经波折，最终在这个朋友的执着和坚持下，走到了一起。而我这个朋友娶回家的也是一个有过孩子并且离异的女子。

　　其实，我还可以举出很多例子来告诉你，爱情这个东西，有时候真的没有什么道理。明明大家都看好的一对，最后却以伤心收场。有时候，看似不会走到一起的人，却成为了这个世间幸福的见证。

　　以前爱情至上的我，简单地以为只要相爱就可以相守一辈子。在从事了二十多年的心理教育和心灵成长培训后才明白：让两个人在一起的不仅仅是爱情，还有一种奇妙的缘分。这个缘分，有些人认为是前世注定的，有些人认为是今生碰对的，但从心灵成长的灵魂学说来讲，这个缘分是灵魂与灵魂之间的某种特别约定。

　　但凡在一起的，总有在一起的道理；但凡分手的，也有分手的意义。

亲爱的,如果你的他对你很好,一定是你有吸引他的地方,只不过你自己还不清楚你吸引他的到底是什么。而且我相信,你们之所以在一起,是因为彼此有着灵魂层次的礼物要在此生的相逢时给到对方,把这些找出来吧!

巧妙地问问男友,他喜欢你的到底是哪些地方?安静地和自己独处,想想老天让你遇到一个条件好、对你又好的他,到底意味着什

每个人的相遇都是缘分,
每件事的发生都有源头,
人生的圆满来自惜缘。
人生的智慧来自溯源。

么？我相信老天不会故意安排一个这么好的伴侣给你，却是想要折磨你，让你自卑，让你痛苦。

所以，当你也和小米一样，不敢相信自己拥有的美好而强迫自己来做出很多"我要配得上他"的努力的话，请先放弃那些造成自己痛苦的"很努力"吧。你需要的不是"强迫自己变得更积极向上"或者"让自己更加苗条、更加乖巧、更加……"，你需要的是"每天都接受自己和欣赏自己多一些"。其实一个人有点小小的不足，没有什么大不了，小米的内向和小小的忧郁并不是坏事情，说不定那个优秀的他恰恰就是喜欢小米有些多愁善感的个性，让他很想保护和关爱她呢！

亲爱的，一个人更积极向上、更加完美当然好，但如果做不到也没有关系，人之所以被爱，往往不是因为积极向上和完美，而是因为善良和可爱，就让自己做个善良和可爱的人就好！

亲爱的，没有谁一定离不开谁

亲爱的朋友，扫描二维码，就可以听到我为你们读的本节内容

敢爱也敢失去的人，才是爱情的幸运儿。

"我放不下之前的一个男生。他莫名的消失折磨着我很久了，成为我的一个心结。我试着联系他几次了，他却没有理我。之前是他先追的我，我刚开始没同意，最后同意了。但在相处的过程里，我又总是小心翼翼，犹豫不决的，后来还提出了分手，因为我不确定自己的心，我一直是个非常没主见的人，况且他比我小四岁，身边朋友都劝我算了吧，所以我就……

"但是之后却是我离不开他了。我特别缺乏安全感，缺少父爱，我从小跟外婆一起长大，7岁才回现在的家，所以我一直很自卑。他让我感受到了不一样的感觉，甚至成了我的希望。但现在他莫名的消失和绝情快让我窒息了。他朋友说他向前走了十步，我却一直后退，我也感受到了，我也不想这样啊，可我是真的不敢啊。我现在难过得快要死了，对什么都提不起兴趣。金颖姐，帮帮我吧！"

但凡失恋过的人，可能都有这样的感觉——失去了他，就像失去了全世界。其实，亲爱的，没有谁一定离不开谁！

每件事的发生都有意义，每个和我们相遇的人都有一些信息要告诉我们。就像给我来信的可儿一样，那个男孩就是来让她发现"你其实是值得被爱的"，但同时也是来告诉她"患得患失会错失美好，一个相信爱的女人才能够拥有持久的爱"。

你一定要弄清楚，自己是因为爱他才离不开他，还是因为仅仅需要被爱的感觉才离不开他。很多人的感觉其实都是后者。只不过刚刚失恋的人，都要面对一个让自己失衡的沉沦期，都会被自己各种错综复杂的情绪所困扰。但这些并不是真的表明你没有他就不能活，因为根本就没有谁一定离不开谁！

我还要和你分享一个关于情绪和感受的秘密：一个人是不会因为难过而死去的，相反，如果你一直和自己的难过在一起，去感受那种"要死"的感觉，不去想其他的，不去做任何事情，你会惊讶地发现，自己会先死而后生，会从自己以为承受不住的痛苦中感受到一种巨大的宁静。

其实，这是很多人都不知道的情绪转换的原理。我们都习惯于抗拒和急于摆脱那些负面的情绪和感受，不是去找对方的麻烦，就是找自己的麻烦。而且不会有人想到，在这些非常黑暗的情绪里面会隐藏着光、爱、宁静和喜悦。我们都过于依赖外在的事物来获得快乐的感受，我们很难相信，什么都不做的时候会品尝到喜悦。

所以，我给失恋的可儿以下两个建议：

第一，从现在开始，不要去找那个他，不要去找他的朋友，不要去做任何傻事。如果现在没有任何兴趣做事情，就给自己独处的时间，好好和自己的伤痛在一起。等你的情绪平缓下来，或者你有幸体验到我说的黑暗情绪底下的宁静后，你可以去做一些让自己感觉放松和开心的事情。

第二，尽快去上心灵成长课程，去疗愈童年经历带给自己的心碎，去修正觉得"自己不被爱"的信念。如果你无法摆脱童年成长经

放手吧！放手并非放弃或者回避，
放手是对所发生的一切充满信任，
相信一切都是为了最好的做准备！

历带给你的阴影，即便你们现在在一起，你还是不会幸福和开心的，因为你会疑神疑鬼、担惊受怕，不敢相信自己真的拥有了他。

可儿放不下的他之所以带给她希望，是因为可儿发现原来自己都那么不爱的自己却还会有人爱。这就有些像可儿一直把自己关在小黑屋里，独自蜷缩在角落，突然被他硬闯进去，就在他破门而入的那刻，可儿很惊讶、很怀疑，虽然那照进来的光刺眼得让她很不适应，却还是温暖和鼓舞了她。

这就是为什么刚刚开始可儿会先拒绝对方，会小心翼翼和犹豫不决的原因，她不敢相信这个是真的，同时她还被传统的观念束缚着，"找个小自己四岁的，不靠谱吧"。于是，可儿一边退缩，一边又试探着想将就，说到底，可儿还是一直把自己关在"不被爱"的小黑屋里。

其实，但凡在小时候没有得到过足够的爱和安全感，特别是被父母遗弃或者寄养在老家的人，内心都有这样的一个小黑屋。

但亲爱的，你现在已经成人了，小时候的你无法抗击命运的安排，可现在你已经有力量来改变自己的生活了。你小时候的体验，就像大人因为孩子不听话而恐吓孩子说"你不乖，我不要你了"，而后把你关进小黑屋里一样。

你现在不需要继续把自己关在小黑屋里了，至少你可以从角落里站起来，给自己点盏灯，而后开扇窗，呼吸下新鲜的空气，看看外面精彩的世界。你会发现，只要你自己改变了，那些愿意破门而入的救美英雄是很多的。

这个世界上的男男女女都在找寻爱情，而爱情眷顾的是那些对它敞开心门的人。我再送你一句话：敢爱也敢失去的人，才是爱情的幸运儿。

第二章

爱情不糊涂,慧眼识真爱

别再做一恋爱就智商为零的女人,
别把自己的一生托付在一个男人身上。
能够带给你安全感的,
不是房子、车子、票子和那个他,
而是你对自己的爱和不离不弃。

爱情和面包,你到底选哪个

亲爱的朋友,扫描二维码,就可以听到我为你们读的本节内容

不要因为钱而献身,也不要因为第一次而嫁人,你要因为爱而承诺。

爱情和面包,你到底选哪个?记得我在中央电视台财经频道的《对手》节目中,就曾经以这个主题为辩题,和对手激情辩论了一番。但最终结果,我、苏芩、春蔚还是输给了另外三个男嘉宾,爱情在那场的辩论中没有战胜面包!

其实我也一直在想,爱情和面包到底哪个重要?没有爱情的富裕生活?有爱情的清苦生活?我知道在现实生活里,很多人的爱情都败给了面包!我是一个爱情至上的人,一直坚持着"爱情是婚姻的基础"这个观点。但说实话,没有经济基础的婚姻生活,需要的不仅仅是强烈的爱,还需要对另一半的接纳和对未来的信任!可是这个世界上,有多少人的小心脏是那么强大的呢?

余小姐问我:"金颖姐,我和我男朋友交往有差不多两年了,我们双方都有结婚的意愿,我们之间也发生了关系。可是那天他跟我说起家里的情况,他家的条件不是很好,如果我们结婚了,经济压力会比较大。而且就目前情况来看,以后的经济条件也不会有多大的改变。最主要的是,他说他父母二人的关系很差,而我又是最看重家庭和睦的。我想跟他分手，可是我们之间有感情基础，我舍不得。况且我和他已经发生关系，我是最希望把我的第一次给和我携手一生的人的，我的处女情结比较强。可是不分开我又觉得他的经济条件不好，以后要跟着他受苦，甚至他的父母感情也不好。金颖姐，您说，我该如何选择？"

我常常收到类似的求助信。说真的，我只负责聆听和陪伴，不负责解决问题，我是无法告诉你如何选择的。因为人生的路要靠自己走啊！而且，未来是在变化中的，你现在看好的，不一定未来就好；你现在不看好的，不一定就一辈子都不好！

我个人是一个不太在意经济条件的人，主要是我自己有能力赚！所以，我会在面包和爱情之间选择爱情！但有时候，我们选择了爱情，真正进入婚姻，我们还要面对面包之外的挑战与磨合，比如两个人的生活习惯、个性习性、脾气、价值观等，当然也要面对彼此的家庭。所以，有些人会和余小姐一样，发现对方家庭的父母关系不好，就会担心自己未来的家庭关系受到影响。这种担心，是有心理学的道理的，因为我们的性格和行为习惯都深受原生家庭的影响。但我个人认为，只要不是和长辈生活在一起，长辈们的吵吵闹闹对自己的生活其实影响不是最大的，挑战最大的是在爱情的激情浪漫期过后，两个人是否还用心经营和承诺婚姻！

余小姐有两个心结，一个是关于经济的，一个是关于女人的第一次。

经济的确是家庭的物质基础，如果你真的不愿意吃苦，也对他和自己的赚钱能力没有信心的话，还是需要好好想想的。因为如果本身你就在经济条件上感觉到受委屈和将就了，等进入婚姻后，发生了很多矛盾时，你就一定会感觉到更加委屈，你的抱怨、不满、后悔，甚

其实,世界很大也很小,只要你带着对爱的信仰,一定会在转角处遇见他,也会遇见真正的你自己。

至有可能是对他的不尊重和不理解就越来越多!当然,你嫁给一个有钱人,也不意味着你的婚姻就是幸福的!而这里的关键是,你是否有条件找到一个有钱又对你死心塌地好的男人!

另外,女人的第一次是很宝贵,所以我常常说,我们不要轻易地、随便地滚床单献身。虽然说现在的社会对婚前的性行为有着极其大的开放程度，但处女情结依旧还是在每个人的心底的。男人都希望自己娶回家的老婆是处女，而女人也会对那个享有了自己第一次的男人特别留恋用情。所以，不要因为钱而献身，也不要因为第一次而嫁人，你要因为爱而承诺。

婚前是需要慎重考虑的，因为我们总不能结婚后又闪离。对普通人来说，我们的青春、我们的机会总是相对有限的，还是要好好想想。如果一时半会儿做不了决定，最好的方法就是暂时不要去做决定，给自己一些时间，想清楚，到底自己要选择什么和可以承受什么！

最后，我感叹几句吧！其实，选择无所谓对错，因为谁都不能同时走上两条路，谁也不能保证自己走的那条路就一定充满光明，而另一条路就伸手不见五指。重要的是，一个人能否在选择其中一条道路时可以做到：不回头，不抱怨，不东张西望，不左顾右盼，不去惦记着另一条路上的风景。一个人能一心一意地走自己的路、唱自己的歌、做自己的梦、爱自己爱的人，那就是不错的本事。可惜，这样的人不多！

到哪里找那么好的人

亲爱的朋友,扫描二维码,就可以听到我为你们读的本节内容

不要问:"到哪里去找那么好的人。"而要问:"到哪里找回我对爱情和自己的信心!"

"到哪里找那么好的人,配得上我明明白白的青春。到哪里找那么暖的手,可以勾引我暗藏的喜悦。到哪里找那么好的人,陪得起我千山万水的旅程。到哪里找那么真的唇,可以安抚我多年的疑问……"

你是否熟悉这首名叫《到哪里找那么好的人》的歌?在我的微信公众号里,我就常常听到我的粉丝(以下简称"金粉")问我:"到哪里找那么好的人!"

"我29岁,女,单身,至今没有谈过一场恋爱。我工作繁重,几乎无休息日,每逢身心疲惫时,压抑的我甚至有轻生的想法。我虽貌美、气质佳,却不擅长和男子交谈,也不喜欢和陌生人接触。因父母不和的影响,我对爱情有过于偏执的看法:我一定要找一个灵魂伴侣,他要真心疼我、宠我、呵护我。可是,我压根不知道该如何寻找他。现在,我对婚姻很茫然,每每想起就觉得焦虑不安。我该怎么办?"

其实，和这个金粉有着类似情况的人很多：父母不和、工作繁忙、不善交际、对爱情极度渴望却又没有信心，不知道到哪里去找那么好的人。

但我发现，这些人通常都有着以下3个致命伤：

● 致命伤1：潜意识里害怕亲密

因为父母的不和让他们在心里，把婚姻、亲密和争吵、伤害划上了一个大大的等号。这个深植在潜意识里的信念，就让这些人表面是渴望寻找爱情的，但潜意识里却在排斥爱情。表现在现实生活里就是：不是努力地工作，忙得让自己身心疲惫、无暇顾及，就是一边说自己渴望寻找爱情，一边却待在原地、宅在家里，什么都没有找。

● 致命伤2：光说不找

光嘴上说要找、着急，却没有花时间去做寻找的动作。虽然人们常常说，该发生的自然会发生，该是你的自然会是你的。可是你天天宅在家里或者每天就接触那点人，那些该发生的事情又怎么发生呢？那个该是你的人，他不会突然从天而降，拿着鲜花出现在你家门口。

● 致命伤3：对自己没有信心

虽然说"颜值""外貌协会""小鲜肉"都是现代名词，但外貌偏见并非现在才有，从古至今，外貌偏见作为一种人类心理上的偏见普遍存在。早就有心理学上的研究证实：当人们看到美丽的人会认为那些美丽的人同时拥有其他美好的特点。也就是说，人们觉得美丽的人更加快乐、开放、成功、善良。这个在电影中常常会被放大：好人是美丽的，而恶人则是丑陋的。同时，你会发现：富有的男人则更有可能和美丽的女人结婚。甚至有研究还发现了外貌与薪水之间的联系：美丽的人更有可能找到工作，并且挣到更高的薪水。

所以你看,那位29岁的金粉一点也没有发现自己的优势,也没有运用好这些优势。颜值高,是种运气,但不多加利用就是一种浪费。

所以,不要问:"到哪里去找那么好的人。"而要问:"到哪里找回我对爱情和自己的信心!"

你追求和渴望的是真爱,
而不是那个你认定的他!

别爱上需要"加工"的男人

亲爱的朋友，扫描二维码，就可以听到我为你们读的本节内容

> 别爱上需要"加工"的男人。首先，男人绝对不想被一个女人改变；其次，把爱寄托在一个对未来的期许上是危险的。

Lily 和他相遇时，是在他已经失恋了4年之后。初恋情人远嫁海外，留给他的只有一句话、九个字："我走了，对不起，忘了我！"他从此就再也没有笑过，把所有的精力都放在了工作上。Lily说自己就是喜欢他那种忧郁的气质，深邃的眼睛里似乎总有着某种秘密。Lily说："这个人哪里都好，如果我就是他的初恋就好了，因为我知道他还在想着她，而且不敢再相信爱情，但我愿意等，我想用我的爱去温暖他、融化他。"

也许他遇到Lily，是他不幸之后的万幸，在这个容易孤独和失望的世界里，还有人明明知道"他不爱我，却依旧选择去爱他"。但Lily遇到他呢？她真的可以用真心换回真心吗？我问Lily："你是想做他的情人，还是想做他的治疗师？"我总是问人们一些直接而尖锐的问题，因为我的工作不是让这个世界充满着爱，而是让我们多一些健

康与持久的爱。我和Lily分享了Helen的故事，让Lily自己去思考，要不要坚持去爱上这个需要"加工"的男人。

Helen和那个他离婚前，问他为什么不去申请哈佛的研究生，因为在Helen看来，这个是两个人保有未来的最佳选择。以他的条件申请奖学金是一点问题都没有的，又有哈佛大学的教授可以亲自写推荐信，成功率就更高了。她设想着他出国留学，而她就可以申请陪读。等两个人都到了美国，他好好读书，她生孩子和带孩子，等他毕业出来工作后，孩子也大了，她就再去读书。这看上去这是一个超级完美的计划，但他就是迟迟不去参加英语考试。终于有一天，被Helen逼急的他，幽幽地说："我不想被你改变，我觉得现在这样蛮好的。"于是，两个人牵着手去离了婚，一个向往着更加不同的生活，一个只愿意停留在原地，这当然是走不下去的。认识他们的朋友们都万分叹息，当初两个人从无到有，眼看着一切都步入正轨，生活条件也越来越好，到最后却分道扬镳。闺蜜问Helen："当初他那么差的条件你都接受了，你看他被你改造得多好啊，不抽烟了，人也自信了，地位和事业都有了，你却放手了，这是为什么啊？""我累了，不想再做他的老妈和老师了。我只想找个我欣赏和崇拜的、可以给我依靠感的男人过以后的日子，好好做个妻子。"

女人有两个致命的弱点和一个致命的需要。第一个弱点是天真。女人都是为情而活的，用情很深没有问题，但天真地用情很深就可怕了。不少女人总以为爱情可以改变一切，只要我爱他，我愿意等他、陪伴他、支持他，直到他改变那天。她们却不知道，男人最不想要的就是被女人改变。第二个弱点就是无中生有。女人都很富有想象力，无论是联想也好还是幻想也好，总能看到对方的潜力。只可惜男人并不是会随着时光流逝而升值的古董，当你准备要投资一个男人的潜力时，一定要做好"你最多只有三分之一的胜算"的心理准备。因为投资一个男人的潜力，可能出现以下几种情况：三分之一是他具备潜力但却始终英雄无用武之地；三分之一是他成功地突破自我，但享受成果的却不是你，而是另外一个女人；另外的三分之一才是你认定的黑马终于成为了属于你的白马。但很多人只想到了最后这三分之一，而忽略了另外三分之二的可能与结果。

女人的一个致命需要就是"找到依靠"。无论一个女人看上去多么的强大，无论事业多么的有成和财务上多么的自由，但在骨子和潜意识里，一直都在期盼着遇到一个更加强大的男人，可以让自己依靠和崇敬。这个时代造就了很多的女汉子，似乎没有男人的她们一样生活得很好，甚至更好。但是，我们不要被这些外在的假象迷惑了。这些女汉子们只不过是穿上了盔甲，努力装扮成为生活的勇士，只为了可以在男人的战场和男人们一起拼杀来谋求更好的生存。再加上女人都被现实误导了，以为工作和事业比男人和婚姻可靠，而情愿让自己做女汉子，也不愿意成为情场上的伤心女。但在夜深人静的时候，抛开生活与现实，还有内心的恐惧与伤痛。问问这些女汉子真正想要的，应该还是一个值得依靠和可以依靠的温暖臂膀。

所以，无论你有多么的强大，不要去爱上一个需要"加工"的男人。首先，男人绝对不想被一个女人改变；其次，把爱寄托在一个对未来的期许上是危险的；最后，不要回避你内心对于依靠感的真实需要。当你遇到一个看上去不错，你也很喜欢，但在某些方面却需要

"加工"的他时,一定要问问自己:我到底爱着的是现在的他,还是我幻想以后会改变的他?如果,他一辈子都是现在的个性、现在的成就、现在的价值观等,我还会不会持续地爱他?当我们和一个人开始一段感情的时候,不是不能看到对方的潜力,也不是要追求对方的完美,但一定要这个人现在就适合你。

颖姐心语

> 亲爱的,不要为了将就生活和生存而放弃对爱的坚持,也不要因为"母性情结"而试图去拯救一个男人。试想,一个你在最初就不满意的人,怎么可能经受得起油盐酱醋等琐碎生活的考验?一个一直都要你去付出和包容的男人,怎么可能满足你内心对"依靠"和"崇敬"的本能需求?
>
> 所以,那个他不需要完美,也不必是个超人,但一定要有让你心动不已和欣赏、崇拜的闪光点。

不要嫁给自私的男人

亲爱的朋友，扫描二维码，就可以听到我为你们读的本节内容

一个男人自私很正常，但你明明知道是死路一条却还要嫁，就是你不正常了。

当一个男人对你说："我们结婚可以，但你需要照顾好我的孩子，并且不能要你自己的孩子！"你会怎么办？

当一个男人对你说："我不想结婚，我这辈子都不会结婚的，但我想和你继续在一起，因为我爱你！"你会怎么办？

当一个男人对你说："我会养你的，我也不会和你离婚，但请给我自由，我就是要和她在一起！"这个"她"当然是小三了。你会怎么办？

这个世界很大，所以什么样的人都有，什么奇葩的事情都会发生！这些都是在生活里真实上演的真实故事！

如果你遇到上述情形怎么办？我的建议是：快逃吧！不要用爱情来伤害自己！这么自私的男人还是远离为好！

那个以照顾好他的孩子和不让你生孩子为结婚条件的男人，当然是不能嫁的！很明显，他现在最想的只不过是把自己的孩子照顾好！他不是在为自己找伴侣，而是在为自己的孩子找个奶妈。即便你有可

能也正好不想要孩子，但你也应该区分一下，这个男人在说这样的话之前，是否也了解过你真实的想法和需要。如果你们都还没有通过交流达成共识，而他就这样通告了你，把这个作为结婚的前提条件的话，那就赶快转身离开吧！当然，你可以为他的自私找出很多理由，比如他很爱自己的孩子，他担心再婚对孩子有伤害，不想再有一个可以分爱的孩子来让现在的孩子更加受伤等。

不少傻女孩之所以在情感上受到伤害，都是因为无论对方做出什么不合情理的事情时，总能为对方找出一大堆的理由来。虽然对发生的事情也感到不舒服，但依旧选择自我牺牲与妥协。你千万不要把自己和爱情想得太强大，你真正想要的其实远比你自己以为的多很多，等你和对方的关系越来越深，你的投入越来越多的时候，你的牺牲感就会越来越强，而你的不甘心、埋怨和后悔就会越来越多。

那个不愿意给你承诺却要求和你在一起的男人，当然也要尽快离开！这是我在本书第四章《越承诺越自由》一文里提及的男人，不但不愿意给深爱自己、把最美好的青春给了自己的女人一个承诺，却还有脸要求继续和对方什么都不要地在一起，这样的男人是很自私的。他们只不过想借着爱情的名义来找到一份长期而稳定的陪伴，以便可以排解他内心的孤独与不安。但他们却从来没有想过，爱一个人，不是"我要占有你的一切"，爱一个人，是"我要给你最好的一切"。你不要幻想因为有爱，终有一天他会改变心意而突然娶你回家，这样的概率几乎为零，因为他真心想娶的话早就娶你了。你也不要告诉自己，我也不在乎那张纸，那只不过是一个形式而已。那张纸的确不是至高无上的，但没有它的你，很可能会在日后常常陷入不安与担心之中，害怕他说走就走，尤其是当你越来越老，而他却越来越吃香的时候。

那个家里红旗不倒外面彩旗飘飘的男人,当然是要尽快离开的!不要认为他还有责任感,只因为他愿意继续养你、照顾好原来的家。当这个人不顾及你的感受而出轨时,就已经谈不上是一个有责任心的男人了。如果他愿意浪子回头,从此收心回归家庭,倒也可以试着原谅他,让一切重新来过。毕竟,有时候不是这个男人不够忠诚,而是

想要的、能要的、需要的并非一样的,
停下来、深呼吸,给生活按个暂停键,
问问你的心:这些真的是我需要的吗?
而后让阳光、让风、让花儿给你解答。

　　有些小三的手段实在高明。一个愿意意识到过失而回头承诺婚姻的男人，还是值得给予机会的。但这种明目张胆地端着碗里的、吃着锅里的男人，绝对不是什么好货色，离开是最明智的选择。

　　在这个似乎越来越自我的世界，有这样的男人也算正常。但如果你傻傻地为了爱情而明明知道是死路一条却还要嫁，或者还要坚守的话，那就是你不正常了！

　　如果当你不小心遇到了一个很自私的男人时，请务必好好想清楚，爱情和婚姻都不是完美的，都会遇到很多挑战和问题。所以，可怕的不是人生不完美和有问题，而是我们没有做好面对问题的准备，我们天真地放大了自我和爱情的威力，以为自己什么都可以承受，但却又在日后才发现自己不愿意承担后果，或者说没有能力去为自己的选择负责与面对结果。

　　反正，如果一个男人和我说"我们结婚可以，但生孩子不行"时，我一定会扭头就走，至于另外两种男人，我也是一样的态度。因为一个真正深爱我的男人，应该至少可以站在我的角度去思考和处理问题，而不是如此简单粗暴地让我来做一个根本没有选择的选择题。我相信，这个世界有自私且不敢担当的男人，就一定有成熟又有责任心的男人，而且后者居多。为什么要让自己在一棵歪七扭八的树上吊死呢？漂亮地转个身，把自己留给真爱与值得依靠的男人吧！

　　如果你已经为这样的男人沦陷在爱中，想要留在这样的关系里，就一定要问问自己：我做好准备接受所有的可能性和未来要面对的挑战了吗？一切的关键不在于你们现在是否相爱，而是你们以后可以在一起多久！不在于你愿意接受现在的局面，愿意为爱成全和牺牲，而在于你在未来是否能够承受和面对各种带给自己不公平、失衡甚至是伤害的可能性！

如果你听了我那么多的分享和提醒之后，还是愿意冒险和牺牲的话，我只能说："姑娘，我祝你好运！希望你的真心可以为你换回真爱！"同时我还要多说一句："请自我面对和承担起未来的一切可能性，包括美好的和难以接受的。"

婚姻不是简单地说一句"我愿意"而已，还要包括一辈子都说"我接受"。请为你自己做出一个愿意并可以去承受一切的决定吧！

已婚男人不为人知的诱骗术

亲爱的朋友，扫描二维码，就可以听到我为你们读的本节内容

> 如果我们想要获得美好的爱情和持久的婚姻，我们对于男人的信任和信心是不可缺少的。这个世界有不少人渣，但好男人更多！

有些小三是有预谋的，一副不达目的誓不罢休的架势和一场精心准备的"夺位战"。但有些小三却是被那些不为人知的高明诱骗术害的，她们是怎么受骗上当的呢？

丹说："我和有家庭的他的开始并不是我预期和我想要的，但就那样发生了！一切的发生都是在他的刻意安排和引诱下，而那时的我，因为真心喜欢他，也明白这是一场没有结果的缠绵，自以为可以无所谓、可以什么都不要的我没有抗拒地迎合了这场游戏。"

我并非是在这里为小三正名，而是真的有很多小三，最初并没有想着要去做小三的，就像丹一样。在丹倾诉时，我还能够看到她眼中闪耀着爱情的光芒，也许深爱过的女人都这样吧，傻傻地借着心底里那残留的美好回忆来慰藉自己早就破碎的心。当然，那些想利用先做小三而后可以想方设法被扶正的就另当别论了。但像丹这样的傻丫头，还真不少。在爱情的路上她们做了飞蛾扑火的事情，不但弄得自己遍体鳞伤，还被贴上"小三""小贱人"等恶名，余下的就只有那甜蜜又纠结、美好又不堪的回忆了。

所以，我想就这样一个特殊的情感关系，来谈谈那些已婚男人不为人知的诱骗术吧。

对于已婚男人诱骗情人的常规手段，我相信不少人都是知道的。比如，这些男人会利用女人的善良和同情，借着哭诉和倾诉自己婚姻里的不幸来让那个女人认定"只有我可以让这个男人幸福"的幻想。有些则是利用花言巧语和各种甜蜜攻势，让那个女人的虚荣心和各种需求都得到了超出惊喜的满足。还有的是信誓旦旦地用一个根本不会兑现的承诺，比如"你等我，我一定会为你离婚的"来让那个女人越陷越深。但为什么有些像丹这样的有着自己不错的事业和素养的女性也会不小心成为第三者呢？

丹说："当他第一次突然抱住我的时候，我自己也吓了一跳。因为当时我们只是约好要陪他去见一个重要的客户。结果就在准备出发的房间里，一贯非常绅士、稳重内敛的他一下子紧紧抱着我，极其克制而又有些激动地说：'为了你，我不管那么多了！'"丹就在这种突如其来的幸福感里一下子被俘虏了。这类男人一般都是很成功的男士，平时绝对是作风正派、为人谦逊和善的样貌，他们正是利用自己平日留给众人的印象，而后刻意创造出一种对比，让那个女人误以为"他的确对我非同一般，我是他心中唯一和最重要的爱人"。就像丹一样，当时她哪里知道同时和这个男人上床的女人还有很多，还以为是自己的独特魅力让这个男人"发疯般地、不可自制地爱上了自己"。

而佩佩遇到的那个已婚男人也基本上用了同样的策略。当时佩佩去参加一个单位的培训，那个他是整个培训团导师之一。平时从来都看不到这个导师的笑脸，他总是酷酷地、很严肃地布置与总结所有的

看清一个人的真面目很重要,但更加重要的是看重你自己!
深爱自己的人不会轻易上当,即便遇人不淑也会当断则断。

活动。但只要遇到佩佩，他就会露出灿烂而温情的微笑，这无形中也是把"你是唯一"的讯息用这么美好的方式传递给了佩佩。事后佩佩才知道，这是他在女学员里找情人的惯用手法，哪个女人不想成为唯一的、被男人用不同的待遇对待着的那一个呢！再加上那个他本身是一个充满着魅力的、成功的、成熟的男人，和我们世俗眼中的花花公子完全不同。本身可能就已经有很多的好感和仰慕在前，但碍于那个男人已经有家庭，只能在心里叹息。但突然这样完美的男人对自己做了意想不到的表白或者与众不同的对待时，那个本身就不牢靠的防线就被轻易地攻破了。

当然，还有一种更加高明的诱骗术，那就是"我很爱她，我也很爱你"。我想这应该是已婚男人谈情说爱的最高境界了吧。因为一般的已婚男人都会说"我已经不爱她了，我过得很痛苦，我想离婚，只要你给我时间"。这种对付那些天真无知的女孩可能会有效果，但要让丹和佩佩这样的高知女性愿意，明明知道是一场没有结果的感情，却不顾一切地投入，这点手段就需要升级了。如果，当那个已婚男人说"我已经不爱她了，我现在只爱你"，聪明的女人会在自我满足一阵子之后，对这个男人的多变和无情产生质疑，会担心自己在今后也落入同样的下场而中途撤退。但当这个已婚男人却给了一个让我们都很意外的答案"我两个都爱"时，善良而无知又渴望爱的女人们，就会得出一个自欺欺人的结论：这是一个有着责任心的男人，他不愿意伤害自己的妻子，同时他还深爱着我，我愿意什么都不要地和他在一起。于是，女人的心就这样被一点点地打开，忘记了彼此的身份和社会的约束，忘记了道德和家庭，也忘记了其实自己远比自己以为的弱小和想要的更多。

当然，应该还有其他一些高明的诱骗术，如果你愿意，可以到我

的微信公众号上留言。在这里我也不多说了,不想我们越聊越生气和失望。最后总结两点:第一,我们在这里谈及的都只是部分,而且是少部分劣质男性。如果我们想要获得美好的爱情和持久的婚姻,我们对于男人的信任和信心是不能够缺少的。这个世界有不少人渣,但好男人更多!第二,如果你遇到已婚男人的示好,在他没有离婚前,保持好和这个男人的距离。即便你很爱他,他也真的爱着你,不要把你们的关系建立在道德的谴责和见不得光的内疚上,因为这样的开始就意味着很多的挑战和伤害,也许是对他的妻子的,更有可能是对于你自己的!

你是在找"爸爸",还是在找"老公"

亲爱的朋友,扫描二维码,就可以听到我为你们读的本节内容

从现在开始,学会一点点地爱自己,即便全世界都抛弃了你,你也依旧对自己不离不弃。

亲爱的,你有没有可能一直在找"爸爸",而不是"老公"。

相信很多人都知道"恋父情结"这个词汇,都知道父亲作为每个人生命里最重要的男性,是我们心里无法被取代的"英雄"。即便在我们成人之后,这个形象也许不一定还那么高大,但父亲对于每个人生命的影响和作用,有时候,是你想都想不到的。比如,你很可能潜意识里,一直在拿自己的爸爸和你接触过的每个男人进行比较,甚至你寻找伴侣的条件都是依据自己的爸爸打造的。

恋父情结,并不是说,你的父亲很完美,所以,你按照这个理想的榜样来提高择偶的要求。恋父情结,很可能是你的爸爸是个不称职的父亲,甚至没有给到你足够的安全感和爱,但你却因为恋父,在自己的感情路上吸引和选择同样糟糕的、不懂得关爱自己的男人。

樱子就是被自己的爸爸深深困扰的人,她的故事虽然特殊,但却可以在"恋父情结"方面给我们很多启示。

樱子的先生,是她高中同学,大二谈恋爱确定关系,毕业后结婚生子。在高中和大学期间,这个男人便有脚踏两只船或多只船的劣

迹，但樱子却因为这个男人的苦苦哀求，最终与他成婚。婚姻期间，这个男人又陆陆续续有了婚外情，樱子一直以为有孩子他会好起来。但是，在樱子怀孕期间，他变本加厉，夜不归宿。还把所有原因推给樱子，说是因为樱子才导致他婚外情。他坚持离婚，选择了一个大他两岁，带着儿子的摆地摊的离异女。离婚后两年，他又找樱子要求复婚，樱子拒绝了。可是，樱子的内心非常受挫。

樱子小时候多是爷爷奶奶带的，高中之前与父亲接触甚少，父亲一直对她比较苛刻。遇到前夫，他的自负恰恰让自卑和孤独的樱子感觉到有人欣赏自己。在前夫的鼓励下，樱子大学成绩优异且担任学生会干部，工作以后事业也非常顺利，步步高升。但是，樱子万万没有想到自己在原谅了出轨的他之后，会在怀孕期间被抛弃。

樱子离婚后，觉得自己的内心完全坍塌了，又失去了自信和光芒，一切似乎又灰暗了，自卑且自我怀疑。樱子说："其实在前夫身边，我觉得自己内心很依恋他，很多事虽然不是他告诉我怎么做的，但似乎只要他在身边，我就觉得很有主心骨和安全感。现在，觉得自己的灵魂是孤独而飘忽不定的。"

我对樱子说："不管你对于心理学有多少了解，你对心灵成长有多少涉足，不管你是否理解，从专业的角度来说，亲爱的，你童年时期父爱的缺失，让你找到了你的前夫。所以，即便你的前夫一而再、再而三地伤害你，你的心都已经碎裂得连缝补都难，但你还是拿掉自己的自尊和感受去接纳他。因为他给了你在童年没有得到的欣赏、鼓励和支持，你曾经'失去'过爸爸，你曾经极度渴望爸爸在你的身边陪伴你。所以，即便这个男人从来就没有间断过出轨，但只要他愿意回头，你就会像孩子欢迎爸爸回家那样，给他机会。甚至到现在，你虽然拒绝了前夫复婚的请求，但你的内心依旧无法平静，非常纠结。

我估计，如果你的前夫再多几次死皮赖脸地磨着你，你很可能又会大大敞开门来让他回家。因为，没有孩子会真正跟自己的父母生气，即便他们做得再过分，只要父母愿意给予孩子一点点关注和爱，孩子们都会欣然接受的。但你有没有想过，这样的孩子，其实活得比乞丐还要悲惨，他们得到的爱就像被施舍的一样，甚至这些施舍中带着暴力和血腥。"

我的这些描述非常直白，因为我只想樱子可以尽快从自己的生命故事中清醒过来，不要让自己不被爱的生命模式继续下去。

一个人的自卑是因为没有看到自己真正的力量！一个人的灵魂孤独是因为一直都在遗弃自己！

就像樱子，大学成绩优异且担任学生会干部，工作以后事业也非常顺利，步步高升。这些除了有她前夫的鼓励之外，最重要的是她有自己的能力和实力。但因为小时候父母过于苛责，导致樱子一直无法看到自己真正的美和力量。当樱子离婚后，之所以会觉得内心完全坍塌，并不是她自己的力量不见了，而是她得到的关注失去了，她的内心失衡了。

所以，我对樱子说："你现在要做的就是，用你自己的力量，去把你自己的主心骨、自信和光芒重新找回来。曾经父母不是不爱你，是他们没有能力和不知道如何去爱你，当你遇到你前夫的时候，他也同样是一个没有能力和不知道如何去爱你的人。所以，你此生最大的功课应该就是，当全世界都无法给予你想要的爱时，你怎么才能持续地深爱自己。"

最后，我要把我对樱子说的话，也同样说给因为从小缺失了父母的爱，就将自己遗弃的你：小时候，你无知弱小，但现在的你不一样了，不要继续活在被爱遗弃的剧本里，勇敢地拿起你内心本来就具备

的力量,重新去改写你的人生剧本。承诺自己:从现在开始,学会一点点地爱自己,即便全世界都抛弃了你,你也依旧对自己不离不弃。

当我步入婚姻后,我才发现自己是那样地"恋父",因为我的他在很多地方像极了我的父亲,身高、相貌、性格和脾气。即便我对自己深爱的爸爸是既崇敬又抗拒的,看到他和我妈妈一生的纠结与痛苦,我发誓自己一定要找个不吵架的老公。结果……结果……!

第一次和他吵完架,我非常非常失落,作为一个心理专家和心灵导师的婚姻,怎么可能是这样的?但那个"死鬼"的一句话,就把刚刚还在生气、纠结中的我彻底解脱了。他说:"亲爱的,你现在是真正的心理专家了!因为,当你的金粉问你'老师,我常常和我家那口子吵架,怎么办?'时,你就有真实的经验和体会来解答了。"

好吧,我不得不承认,所有抗拒的都会成为每个人不得不面对的功课,你深爱的人往往就是你最大的人生课题,无论是爸爸还是老公。而我唯一可以做的就是面对和继续修炼,直到交出漂亮的人生答卷。

怎样才能吸引到想要的爱情

亲爱的朋友,扫描二维码,就可以听到我为你们读的本节内容

> 很多人都只问"怎样才可以吸引到想要的爱情",却很少问"吸引来的人不完美,我要怎样才能继续去爱对方"。其实,后者才是人生获得幸福的真正关键!

很多人总是遇不到真爱,并非是运气不佳,而是从来没有好好想过,自己到底要吸引什么样的人和什么样的爱情。有一些人总是遇人不淑,并非是眼力不佳,而是被自己没有觉察到的、潜意识里的"理想清单"所误导。

颜小姐问我:"金颖姐,我要怎样才能尽快找到真正属于我的他啊?"

我问她:"那你想找个什么样的啊?"

颜小姐回答:"我的要求不高,只要两个人彼此有感觉就好!"

你有没有发现,当我们问那些还单着的人:"你想找个什么样的人啊?"通常得到的回答都是:"我没有过多的条件,只要两个人有感觉就好!"每当听到这样的答案,我就知道,这个人要遇到适合的和自己想要的人,基本没戏。

问题就出在"要有感觉"上。

你对一个人有感觉，并不像我们在电影上看到的，当两个人相遇时，那不由自主的眉目传情和抑制不住的蠢蠢欲动。据我个人的经验，爱情荷尔蒙的分泌是因人而异的，甚至有时候，只不过是因为紧张导致分泌了肾上腺激素，你却错以为是多巴胺，而在那个时候，你的身边刚刚好有个他的话，你很可能就以为自己爱上对方了。这是被心理学实验证明了的。也就是，当我们刻意把两个人放在一些危险和带有挑战性的环境里时，两个人产生好感的概率就大大提升了。其实，两个人要有感觉，或者你对一个人要有感觉，首先是无意识和潜意识的运作，其次是认知匹配后的产物。

也就是说，你对异性的看法，早就在你的童年和原生家庭里被一点点地塑造出来了，只不过，你自己不一定意识到罢了。所以，你就会发现，不知道为什么，你有感觉的人不是像你爸爸，就是可以满足你童年一直没有被满足的需求的人。此外，感觉也是通过认知才获得的，如果你连自己想要什么样的人和适合什么样的人都没有认真思考过，即便那个人出现了，你也认不出！

所以，想要吸引到想要的爱情，你要好好翻看下自己不小心写进潜意识里的"理想清单"。因为，潜意识里被植入的并非是真的适合你和你想要的，但谁让你有着那样一个原生家庭，有着那样一个爸爸呢？就像颜小姐，小时候她曾经多次遭到父亲的暴打，导致成人后的她却认为有暴力的男人才是男人，没有暴力的男人是孬种。但自己又害怕与人亲密，亲密时给她的感觉只是暴力。你看，"暴力男"就这样纠结却明显地被写进了她潜意识的"男人"清单里。这也是为什么有些人结婚后才发现找错人，其实不是找错了，而是找对了。是潜意识的自动工作，把那个"匹配"的人吸引过来了。

这就好比我常常在我的课程上说给大家听的一个笑话。有一对父子，每天都要赶着牛车走山路去到集市，老爸负责赶牛车，儿子在后面看货物。但老爸眼睛不怎么好，每当要走到一个危险的弯路时，儿子总要提醒老爸说："爸，该转弯啦！"有一天，老爸生病了，儿子自己赶着牛车下山，可是到了弯路那里，牛死活不走了，拽也不行踢也不动。结果，儿子看看左右没有人，弯腰很无奈地对着牛的耳朵大声地叫了一声："爸，该转弯啦！"结果牛就乖乖上路了。这个是笑话，但比喻的就是我们的潜意识，我们的潜意识是自动植入信息，而且自动按照重复的或者印象深刻的信息行事。

所以，如果你想找到适合你的真爱，而且不会遇人不淑的话，你一定要去觉察自己的潜意识里那些你并不想要的、可能会误导你的关键词，并且想方设法地去删除它们。当然，这个就需要专业人士和专业课程的帮助了。

如果你想要遇到有感觉，而且是对的那种感觉的真爱，你还需要把那个理想中的人具体"长什么样"一一写下来，包括对方的身高、收入、工作、性格、人品、价值观等。只有当你很清楚明确地设定标准后，吸引力法则才会产生作用。

当然，我也写过这个理想伴侣的清单，最后的实验结果就是，我找到的他并不百分百符合清单上的标准。所以，这也是我想对那些真的想找到另一半的人说的：这些标准只不过是让你清楚地认识你自己和知道自己想要什么，而世界上没有百分百符合你期望的人存在。

我个人的期望不高，我觉得只要可以满足我百分之六十以上的渴求就已经足够了，余下的百分之四十，都是可以帮助自己不断成长的礼物。如果一个人超级完美，你很爱他，那是他的本事；如果一个人不够完美，你还是爱他，那是你的爱力和功力。

如果你可以打开心扉，想清楚自己要什么，那么吸引到真爱，其实不难!难的倒是你吸引到之后,发现人家不完美、和你期待的有落差,你还可以持续地去爱、去承诺。

所以,我觉得,很多人都只问"怎样才可以吸引到想要的爱情",却很少问"吸引来的人不完美,我要怎样才能继续去爱对方"。其实,后者才是人生获得幸福的真正关键!

花开,蝴蝶自然来。

嫁给不爱的人会幸福吗

亲爱的朋友，扫描二维码，就可以听到我为你们读的本节内容

> 在关系里，爱的能量是守恒的，没有人可以为一个不爱自己的人付出一辈子。

如果你爱的人不可能跟你结婚，而爱你的人的确很适合婚姻，你会怎么选？那些被爱情深深伤害过的人也许都会告诉你，要找一个更爱自己而不是自己爱的，才会幸福。真的是这样的吗？

我听到过的最理想的说法是：一个真正爱自己的人，和谁结婚都幸福。

其实幸不幸福和嫁给自己爱的还是爱自己的人无关，"一个真正爱自己的人找谁做爱人都会幸福！"但很遗憾，真正爱自己的人实在太少了。

爱情原本是"我爱你，我愿意给你我的一切"，现在却变成"如果我太爱你了，会不会受伤的人是我"。所以，很多人找的不是爱情，找的是保险，娶的也不是婚姻，而是保障。

一边是灵魂的渴望，一边是安全感的满足，感觉怎么选，都不对。就像正为情所困的子淇一样，她爱的人不可能跟她结婚，而爱她的人，她又没有什么感觉，拒绝吧，又感觉可惜，因为对方深爱着她，并且很适合婚姻。子淇问："大家都说找个爱我的人做爱人才会

幸福，真的吗？"

如果一定要我给这个问题一个答案的话，我的答案不在取舍的单一命题里，也不在世俗的片面认定里。为什么不嫁给自己爱的同时也是爱自己的人呢？为什么一定要二选一，而不是二合一呢？

当然，你很可能会说，哪里有那么幸运的事情，等不起啊……

无论你是否有条件等，比如像子淇，的确很着急，都是33岁的大龄剩女了，如果放弃守在身边的结婚对象，会不会最后连比这个人差很多的人都遇不到呢？

如果你为了害怕自己嫁不出去而随便将就了婚姻，认为只要对方对自己好就行的话，那你很可能害人又害己。

因为我始终认为：在关系里，爱的能量是守恒的，没有人可以为一个不爱自己的人付出一辈子。因为每个人都在玩一个交换游戏，我们的付出除了满足自己给予的本能需求外，都是在为了获得认同、归属和爱的回流。

如果因为害怕付出多、爱多了而受到伤害，只想嫁一个爱自己的人的话，那是一种自私的行为。更关键的是，这种自私伤害的不仅仅是那个爱自己的人，还伤害了自己。因为当一个人为了所谓的安全感而让自己成为"爱的吸血鬼"，滋养的只不过是那个恐惧的无底洞，那个原本充满爱的灵魂却会因为无法让自己的爱流动而日渐枯萎。

我看到过很多因为一直在付出而快乐的人，却很少遇到过一直得到还很幸福的人。真正让一个人满足和快乐的是给予而非索取。我看到过很多因为彼此相爱而圆满的关系，却很少见到只是单方面在付出还能和谐的关系，真正长久美好的关系来自于两个人可以很好地形成一种彼此给予和接受的完美互动。

有时候，需要少想一些，才会让快乐真正地发生。
其实，事情本来很简单，只是我们把一切弄复杂了！

　　所以，适不适合结婚，不能够仅仅只是看对方的条件，看对方是否爱自己比自己爱他多。你还需要看看两个人是否相爱，还需要了解彼此的价值观是否一致，两个人是否可以为关系里的差异做出妥协，是否愿意无论遇到什么挑战都继续选择承诺婚姻等等。

　　嫁给自己不爱的人，你不会幸福！

　　如果有人嫁了自己不爱的人，却一直很幸福的，欢迎你来分享自己的故事，让我们可以感受一下——没有爱的婚姻却可以幸福，这么奇葩的事情。

第三章

穿越婚姻里的激流险滩

魅力让男人离不开你,能力让你离得开男人。
维系婚姻的不是那张纸,而是你的智慧与独立。

当婚姻遇到财务出轨

亲爱的朋友，扫描二维码，就可以听到我为你们读的本节内容

给钱一点空间，对伴侣多份信任，对自己多点信心，才能换爱一条生路。

出轨有很多种，精神出轨、情感出轨、身体出轨，还有财务出轨。今天我们来谈谈财务出轨，也就是关系中的一方在钱财方面对自己的伴侣撒谎，说得通俗些，就是给自己留了小金库、藏了私房钱。

本来钱都是个人赚的，按道理谁赚的谁就有任意支配权，想怎么花就怎么花，想藏多少就藏多少。但当婚姻把两个人的身份从单身变为已婚后，很多家庭也就理所应当地把"我的钱、你的钱"变成了"我们的钱"，于是，一方一旦发现另一半竟然偷偷地把自己赚的钱或者把对方赚的钱占为己有——财务出轨时，矛盾就出现了。

我曾经看到过美国一项关于财务出轨的在线调查，结果显示，2019位成年人中1/3的受调查者表示他们曾被欺骗。1/3的共同理财的美国夫妇，他们的配偶在私房钱、银行存款、债务或收入方面不诚实。1/5的夫妇因此离婚或分居。2/3的夫妇说他们为此争吵过。而差不多一半的人认为因为伴侣财务出轨而让婚姻的信任度降低，大多数的人认为夫妻之间最常见的谎言是关于私房钱的。

看来，私房钱对于夫妻关系的影响还真不小。

你会背着伴侣藏私房钱吗？当你发现伴侣藏私房钱时，你会怎么想、怎么做呢？你对这个问题是怎么看的呢？你会不会和小蕾一样，气得不行，还要准备和老公离婚呢？小蕾无意发现了相爱多年、一直很老实的老公竟然瞒着她存了自己的私房钱。她一边哭一边愤愤地说："这样的男人我再也无法信任了，我要和他离婚！"

为什么很多夫妻会在金钱的使用和支配权上吵吵闹闹？为什么很多人对伴侣的财务出轨那么的心存芥蒂？

第一，"农奴制"的婚姻信念导致夫妻把"你的钱""我的钱"和"我们的钱"划了个等号。所谓"农奴制"的意思就是很多人一旦进入了婚姻，就理所当然地以为对伴侣拥有了占有权和所有权，在很多方面都在伸张着"你的人是我的，你的钱也是我的"的权利。所以，很多人沦为了"婚姻的奴隶"，每个人赚来的钱也就自然成为了公共的。

第二，不少夫妻在金钱上吵吵闹闹，主要还是由于每个人有着完全不同的金钱观，两个人在价值观上的冲突导致了生活中的矛盾。大伟一直抱怨妻子花钱大手大脚，而妻子小曦也对老公的小气、节俭非常反感，两个人常常因此而不开心。最后的结果就是，老公瞒着妻子开了个私人账户，而妻子常常购物回来谎报更低的价格，至于多花出去的钱自然就是用自己的私房钱填补的。原来，大伟出生在农村，小时候听到父母常常说的就是钱不够用，叮嘱的就是要节省，催促的就是要努力赚钱。而小曦的父母在城里忙忙碌碌，无暇照顾她，只会花钱来满足她的一切愿望和需要，所以小曦从来就没有体验过没有钱的生活。两个来自生活条件两极化的家庭，有着完全不同生活经验和对金钱完全不同看法的人，生活在一起的时候为"我们的钱到底要怎么花"发生冲突而碰撞出火药味是在所难免的。

第三，其实很多人在意的不是私房钱，而是对方藏私房钱带给自己的被欺骗感与不安全感。小蕾会那么生气的原因是：一方面，她不能接受一向老实的老公，竟然也会有隐瞒自己的事情，她认定这个是老公的不忠，意味着夫妻感情出了问题；另一方面，其实她在意的不是老公藏私房钱，而是担心老公的私房钱花在了不该花的地方。

但"你的钱"真的就等于"我的钱"，等于"我们的钱"吗？伴侣隐瞒了部分收入就要断言是对婚姻的不忠，是一种情感背叛吗？财务出轨就一定意味着身体出轨或者是精神出轨吗？这些是所有夫妻或者是即将要进入婚姻的每个人要认真思考的问题。

一个没有安全感的人，即便你控制住了家庭里所有的资产和收入，你还是无法控制自己胡思乱想的心。所以，给钱一点空间，对伴侣多份信任，对自己多点信心，才能换爱一条生路。

颖姐小语

真正的亲密，其实是有空间的。在这个空间中，可以允许对方保留一点自我、爱好和钱财。但这里的空间却不是我们通常以为的距离。"距离产生美"这句话实际上是有所偏颇的，事实上，任何冲突的产生都是因为距离，特别是心的距离，因为彼此的不了解和不信任。

所以，请走近你的他，让亲密真正地发生；也请信任你的他，给爱一些空间，会让你的婚姻更加甜蜜和持久。

怎么判断一个男人是否有外遇

亲爱的朋友，扫描二维码，就可以听到我为你们读的本节内容

请停止做负面信息的侦探，否则你调查出来的结果一定会让你更加痛苦。

一些女人谈恋爱时，智商为零。很多时候，让自己生活在惯性里，对于周围发生的一些事情总是"熟视无睹"，其实那个他对自己已经感情全无了，有的人却还自欺欺人地不愿意承认。又有一些女人进入婚姻后，情商为零。总是敏感得到了自己的每根神经末梢，对另一半的一点风吹草动就紧张得不行，不是翻看手机，就是破译对方的QQ密码，甚至玩跟踪、请私家侦探。于是我常常遇到这样的问题：怎么判断我的那个他是否有外遇了？

小敏就是这样的，今天说，查到她老公删除了聊天记录；明天说，跟踪老公发现他中午是和一个女人吃的饭，两个人笑得很暧昧；后天说，给老公的电话一直打不通，有长达半个小时的时间，估计是在和情人通话。有一次，因为老家有事情，她回去了几天，回到自己家中的第一件事情就是查看床头柜里的避孕套还剩几个。

我说："小敏，你是想要这个家和这个男人，还是想要查清楚老公到底外遇没？如果你还想要你这个家，还想要你这个老公，你就要即刻停止这些'侵犯人权'的侦探行为。"小敏激动地说："我这哪

叫侵犯人权啊，他是我老公，他有外遇我还不能查个水落石出啊。"

其实，我说小敏侵犯人权，不过是用一个比较极端的比喻来点醒她。很多女人在担心自己老公有外遇的时候，她的内心是矛盾的，既不希望真的可以查出点什么，同时又还希望有人就她找到的那些"证据"来帮助她得出一个"结论"。她最需要的不是同情和被认同，而是被唤醒，需要有人把她从自己创造的噩梦里唤醒。

我接着对小敏说："如果你继续做你的侦探，不管你最后查到的是什么真相，你的婚姻都会被你亲自给毁了！你是不是已经决定好，要和他离婚？如果决定了，我不阻拦你，你可以继续这个让彼此都难堪、都受伤的行动，让原本还算美好的婚姻变为一场闹剧收场。如果你所做的一切只不过是想留住他的心，想他好好爱你的话，你需要改变你的策略和方法，你需要冷静下来，好好想想，这么做是将对方越推越远，还是越拉越近？否则，你坚持下去，只会让他对你越来越失望和讨厌，离你越来越远。"

所以，对于这个问题，我不会教你怎么做侦探来判断你的他是否对你忠心。因为，道理很简单，注意力在哪里，结果就在哪里。如果你的注意力都在证明你的他不再爱你，对你不忠，那么，即便他没有真的做出什么对不起你的事情，你看到的也都是他做得不够好、对你不够体贴的地方。从现在开始，请停止做负面信息的侦探，否则你调查出来的结果一定会让你更加痛苦。我并不是说，你的那个他就真的如你猜疑的那样，有外遇了，你不能查，你查出真相会让你痛苦。而是说，让你痛苦的不仅仅只有小三，还有可能是因为你的不信任、你的作、你的疑神疑鬼、你的控制、你的担心，让对方失望和生气，失去了对你的爱。就像曾经热播的电视连续剧《妈妈像花儿一样》，剧中的张幸福和马三强，二十年的婚姻以失败告终，不是毁在小三身上，而是毁在彼此的猜疑和不信任。

你现在真正最要紧的不是查个水落石出，而是尽快摆脱被你的他控制的状况，做回你自己，做一个独立又有魅力的女人。从现在开始，你要做最坏的打算、最好的预期和最大的努力。

最坏的打算是：如果有一天他真不爱你了，还要和你分手的话，你怎么办？

最好的预期是：当你变得更加有魅力的时候，你们的关系将更加甜蜜，他会更加爱你。

最大的努力是：你要成为一个可以独立的、不依附他人的魅力女人，你该怎么做？

所以，我不是教你使坏，但你不得不在此刻小心谨慎地、密谋般地为自己考虑、计划和行动起来。

首先，我让你做最坏的打算，不是要你往坏的方面想，只是让你意识到，如果没有他，你是否可以独立地生活，无论是经济还是个人的生活能力，千万不要让自己为了一个男人或者家庭而失去生存的能力。保持和社会的接触，让自己不但可以做一个好情人、好妻子、好妈妈，还可以做一个至少在精神上独立的女人，有自己的技能、兴趣和爱好。

其次，你要学会排解掉很多压抑的情绪和不好的感觉。男人是最害怕处理女人的情绪的，老公是最喜欢看到老婆开心的。

再次，我鼓励你去参加一些心灵成长的课程，来帮助自己做全面的魅力打造和提升。你慢慢会发现，你改变了，你身边的人也会一起改变的。

另外，就是走出自己现在的生活惯性，去多交些朋友。无论是你孤独、难过，还是你外出旅行、做生意都需要朋友。

总而言之，就是不要把注意力放在他可能存在的问题和对你不好的地方，而要把注意力放在自己身上。每天要问自己：要怎么做才能让自己变得越来越开心、美丽和有魅力！要调整自己的注意力很难，但你想，如果你越来越烦人，他只会越来越疏远你，但如果你越来越有魅力，他一定会被你深深吸引。即便现在这个他对你不好了，那又怎样？一定会有另外一个他，被你吸引而对你好的。把这个作为你强迫自己调整注意力的动力吧！

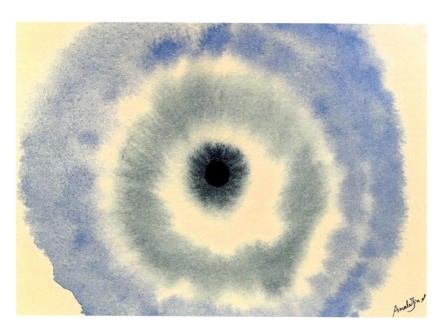

你的注意力在哪里，结果就在哪里！
天堂与地狱，一切都在一念之间。

当他说"我对你没有感情了"

亲爱的朋友,扫描二维码,就可以听到我为你们读的本节内容

> 当他说"我对你没有感情了",你一定觉得天都塌下来了。但只要你熬过这段最难的日子,你一定会发现,天无绝人之路。

一句简单的"我对你没有感情了,我们离了吧"真的那么容易说出口吗?

有时候,真想骂人!想为那些为家庭和爱情完全牺牲自己、无怨无悔地付出的人打抱不平。有时候,你还真想帮忙把那个人的心打开来看看,是否还是肉长的?!因为,有些人真的就是那么绝情,为了满足自己的欲望,为了所谓的尊重自己的感觉,而可以用那么一句简单的话作为理由,不顾十多年的相处,不念曾经共同面对的艰难,不记对方为家庭、为自己、为孩子的付出和牺牲,甚至有些时候是用自己的生命作为冒险的代价,才创造出来的今天。就用那么简单的一句话来打发原配,抛妻离子。可是,你骂了他,甚至骂了他的祖宗八代有什么用?有些人的良知是无法被骂醒的,因为他们的灵魂早就迷失在红尘中的各种诱惑里。

你可以想象和接受这样的画面吗?莎莎在老公面前跪着苦苦哀求,让自己可以继续留在儿子身边。但无论她怎么努力,都无济于

事,老公执意要和她离婚,理由就是:"我对你没有感情了。"如果这件事情发生在你身上,你会怎么办?

当你了解到,莎莎为家庭做出的努力和付出,估计你也会和我一样感觉到愤怒和不平,会和莎莎一样,感觉到很冤,很不甘心。莎莎说自己无数次地想到过死,只是舍不得两个孩子。

莎莎儿子出生时就遇到过状况,因为缺氧,连医生都建议放弃孩子的生命,是莎莎的舍不得和坚持,集婆家、娘家两家人的努力,儿子才慢慢恢复了健康。由于孩子先天不足导致了和同龄孩子的差距,作为母亲的辛苦和辛酸,只有她自己知道。想不到,儿子两岁多,终于在健康上有了起色,莎莎却被查出了脑垂体瘤,而且,由于位置很重要,医生不敢做手术,莎莎只能选择终生服药。莎莎知道婆家一直想再要个健康的孩子,所以想了很多办法,费了很多精力,终于再次怀孕。但医生告诉她,怀了孩子就不能吃药,她的脑垂体瘤就可能会长大,有危险。可是,她还是选择了孩子。这是多么伟大的母亲、多么善良的媳妇啊。令她想不到的是,就在她生下小女儿还不到半年的时间,丈夫突然提出了离婚,理由是对她没有感情了。一时之间,莎莎很难接受。她说:"在这之前,完全没有任何预兆。我和丈夫的关系一向还可以。他的公司经营得很好,一直很忙,两人平时交流也不多,但感情还不错。"莎莎面对老公突然的决裂,实在觉得冤屈,觉得不甘心。老公要儿子,不要女儿,她自己却非常舍不得儿子,可自己一个人带两个孩子既不现实也没有这个能力,于是,她尽了自己最大的努力来挽回,甚至下跪,还是于事无补。

为什么有时候女人就是那么傻呢?傻就傻在,其实情感早就遇到了问题,却还自以为两个人感情不错!傻就傻在,以为自己忘我地为家庭牺牲和付出,就会守得住老公的心。

任何事情都不会无缘无故和突然地发生，特别是感情上的事情。

有些时候，男人的一句"我对你没有感情了"背后的潜台词无疑有两句："我已经找到新欢了""你已经没有魅力了"。这句话说得突然，但事情却不会突然发生。老公回家越来越晚，两个人的交流越来越少，在一起的温情时光都被孩子取代，两个人的世界很少有交集，对方都在忙什么、有什么样的朋友、遇到什么样的挑战和问题等也知道得越来越少，亲吻和做爱的次数屈指可数……太多的生活细节都已经说明两个人早就不在同一个生活轨道，早就有了越来越远的距离，但偏偏不少女人却自认为"我们的感情还是不错的"，误以为"我为这个家付出那么多，如果没有我的坚持和努力，如果没有我愿意用生命作为冒险代价，就不可能有这么完美的家……"就可以永远是这个家的女主人。却不知道，感情和地位，还真的不是我们用善良和牺牲来换取的。甚至，有时候，正是因为你的牺牲才导致了对方的决绝。因为对方并不想要一个保姆，不想只要孩子他妈，不想要一个带不出去的黄脸婆，不想要一个成天围着灶台转的厨娘，即便回到家，你做的那顿家常菜是他真正合口和喜欢吃的，但他很可能只喜欢习惯的口味，却不再喜欢习惯的你……

莎莎作为母亲，特别伟大和强大，儿子是她坚持才有的，女儿是她拿命换的。但她却没有意识到，她早就把自己弄丢了。原本就已经为儿子牺牲了太多自己的时间和空间，后来又为了讨好婆家，冒着生命危险都要为他们家再要一个孩子。我告诉她："在这个家庭中，你呢，你自己在哪里？你自己去哪里了？你一直以为自己在做一个女主人应该做的事情，但实际上，这个女主人根本不在！在的是孩子妈妈、家庭保姆、一个24小时随时待命的钟点工而已。这样的女人怎么可以激发男人的性欲望，怎么可以给予男人满足感？也许老天就是用

剧痛来提醒你——该是你为自己活的时候了！可能为了挽回这段关系，你做了自己所能做的，包括哭泣、打闹、下跪、乞求、威胁，甚至想自杀等，可都还是无事无补。因为，真正应该做的你还没有做，那就是：保持住自己的尊严，维护好自己的形象，开始准备自己新的人生，同时下定决心，当离开那个人、那个家时，学习真正地爱自己，不再为他人牺牲和委屈了自己！"

我始终坚信：感情是无法用下跪挽回的，家庭是无法用乞求维持

你不是一个人，
你看到的影子，
是我在身后拥抱
你留下的印记。

的。让自己没有尊严的事情，绝对不要做！应该下跪的是那些无情无义的家伙，为什么是你呢？无论你的心被绞碎成多少片，你的背被伤痛压得多弯，你都要咬牙忍痛地站稳了，抬起你高贵的头，挺起腰板，给对方一个心平气和的回应："我很想为孩子保留完整的家，有没有什么我们可以共同努力的可能性？"如果，对方一点犹豫都没有，一丝可能性都不留的话，那就好好地和对方谈个离婚的条件吧！而后无论谈判的结果如何，擦干眼泪，带着剧痛转身微笑着离开。

在我们遇到无情无义的人渣时，一定要记住：当你不被人尊重时，你就更加不能不尊重自己的灵魂。当一个人说不再爱你时，你反而应该要更加好好珍爱自己！当他说"我对你没有感情了"，你一定觉得天都塌下来了。但只要你熬过这段最难的日子，你一定会发现，天无绝人之路。孩子在一个不完整的家庭里，一样会长大，你在离开一个不懂得珍惜你的男人后，一样可以生存。如果你懂得珍惜自己，你甚至可以过得更好、更幸福！

婚姻忠诚协议有用么

亲爱的朋友，扫描二维码，就可以听到我为你们读的本节内容

> 婚姻忠诚协议真的有用，除了可以让你依靠法律获得一定的赔偿之外，就是放大你内心的不安全感，最终成为婚姻破裂的源头。

你对婚姻忠诚协议是怎么看的？你觉得有用吗？你会采用这样的方式去约束你的另一半，来获得安全感和保障吗？

我用很负责任的态度、专业的知识与经验提醒你：一份婚姻忠诚协议的作用就是加速和引发你婚姻的破灭。也就是说，一份看似为了保险和保障的协议，往往会是你婚姻破裂的根源，因为"相由心生"！

林女士在步入婚姻时，她感觉自己是天底下最幸福的女人。老公不仅事业有成，而且对她疼爱有加，婚后就要求她在家做个全职太太，以便更好地照顾家庭。而她也欣然接受，她觉得这是老公爱她、怕她累的表现。

婚后她尽可能扮演好贤妻良母的角色，老公一回家，拖鞋、毛巾、热水样样亲自端给老公，老公爱吃的菜也做得越来越拿手，公公婆婆、兄弟姐妹也都照顾周全。但不知道为什么，老公的脾气却越来越大，常常对她呼之即来、挥之即去，回家时间也越来越不固定，甚至有时候连出差不回家过夜也不打招呼。看着镜子里一天天老去的脸，她越来越没有安全感，越来越担心。

于是，在自己生日那天，她做了精心的准备，用鲜花、香气营造出浪漫的氛围，换上了性感睡衣，与老公一起品味红酒。老公那天也特别配合，两个人都非常开心。她就趁机拿出了两份事先打印好的婚姻忠诚协议要老公签字，老公当时愣了一下，他实在没有想到自己会面对这样的协议。

老公说："没有必要签这个啊，我肯定不会背叛你啊！"

她说："既然不会发生，那你签了又何妨呢？"

于是，两个人就签下了自己的大名。

可是一年不到，她就出现在山西卫视《顶级咨询》节目的录制现场，咨询自己和老公签订的婚姻忠诚协议是否有效。因为老公外遇提出离婚，她想要求老公兑现两个人签订的婚姻忠诚协议，支付她30万元的赔偿金。

我当然可以理解一个女人在步入中年，长时间脱离社会，为老公、为家庭全心付出之后，换来的却是对方的"伤害"和对自己、对未来的"不知所措"，她当然想要努力抓住一根"救命稻草"。

我参加完节目录制后，就在自己的微信公众号里发起了"婚姻忠诚协议有用吗？"的话题分享，超级多的金粉参与了留言和评论，而且不少人的看法还蛮到位的。

"这跟是否佩戴结婚戒指一样，难道戴的人就一定不会出轨吗？有很多人正是戴着婚戒出的轨。一切形式对于忠诚二字都没有用，忠诚是刻在心里，流淌在血液里的。"

"签协议是一种自我保护的方式，其实也是自欺欺人，因为没有勇气面对可能会发生的事情。我们很多人怕面对自己不好的一面，可

是无论好的你,还是坏的你都是你!"

"个人觉得没有用,当然可以争取经济上的补偿,其实还是伤害了自己。"

"真爱怎么会要求一纸承诺呢?这种做法本身从一开始就缺乏信任。"

……

我想说,婚姻忠诚协议真的有用,除了可以让你依靠法律获得一定的赔偿之外,就是放大你内心的不安全感,最终成为婚姻破裂的源头。如果你的他出轨,不是因为他花心,而是因为他忠诚,他忠诚地附和了你的担心,配合演出了你亲自编写的人生剧本,以便让你可以了解什么是"相由心生"。

"相由心生"用来形容一个人的外表受到心相的影响。但其实这个词有着更加深刻的含义,它还表明不仅仅是人的外表受到心相的影响,还有这个人的命运,包括遇到什么样的人和事,赚多少钱,和谁在一起,过着怎样的生活……都是由心相决定的。

我们来看看一个要求和自己的伴侣签订婚姻忠诚协议的人,其心相是什么呢?"我的男人是不可靠的,是会出轨的""我的婚姻很可能会随时破灭""我是不值得被爱被承诺的"。所以,"我必须给老公一定约束,来保护自己,为自己留条后路"。正是这些担忧,让她们做出了一个看似可以保护自己的举动,却不知道一个人越担心、害怕什么,什么就越容易发生!

所以,当一个人对婚姻越来越没有安全感时,就越想控制老公的行为自由,要求他必须早请示、晚汇报,自己不停地查看他的手机,半夜不睡觉等着他回家,做侦探玩跟踪,和老公签订婚姻忠诚协议等,这些看似抓紧老公的行为其实很容易将老公推出家门,让婚姻破裂。

其实,每个人都只能约束自己,正如一些金粉所说的:"一个人会为另一个人约束自我是因为爱,如果自己不懂得经营自己,什么都会变。所以女人既要学会付出,又要学会爱自己,让自己有魅力、有能力,这才是生存之本。"

如果你想要保全和维护好自己的婚姻,不要只是一味地抓住对方不放,而是要把注意力从对方的身上转移到自己这里。塑造自己的魅力和能力,有魅力会让男人离不开你,有能力会让自己离得开男人。让我们两手一起抓,两手都过硬吧!这样你才会有真正的安全感。

颖姐心语

亲爱的,我们的潜意识是不分真假、对错、好坏的,它就是一个内心信念最忠实的执行者,你怎么想它就怎么落实。所以,这也是为什么会有安慰剂效应,为什么我们可以被催眠和能够进行自我暗示的原因。

当然,你的潜意识里存储了很多信念,它们大多数很负面。要想替换和更新它们,需要你持续不断地、带着信心地植入正向的信念,而且还要配合上你丰富的想象力与如真一般的感知力。

女人要不要做全职太太呢

亲爱的朋友，扫描二维码，就可以听到我为你们读的本节内容

魅力让男人离不开你，能力让你离得开男人。

当我在微信公众号里发起"女人要不要做全职太太"这个话题讨论后，参与的金粉很多。我发现一个很有趣的现象，那就是绝大多数人都投反对票，无论是男人，还是女人；有些人投的是左右为难票，也就是自己不想做，但却不得不做；只有少数人投的是赞同票。

我们先来听听那些投反对票的金粉的声音：

"我不赞成女人做全职太太。如果一个女人经济上不独立，人格上就很难独立。而且全职太太大多是在家里照顾孩子和老公，时间久了很容易和社会脱节。这就好比夫妻双方原来都在10楼，老公通过自己的努力不断向上，走到20楼，而妻子却还停在10楼，甚至退到8楼，这样夫妻之间的差距越来越大。最后，并不是丈夫抛弃妻子，而且妻子自我淘汰。"

"女人最好不要做全职太太，要让自己活得更有尊严，能够用自己的钱养活自己，那是一件很幸福的事情。"

"女人应该有自己的事业，可能挣不了太多的钱，却可以给自己一个归属感。过久了围着老公、孩子转的日子，难免会心烦，工作圈是生活中的一部分，可以让自己进步，从而不会与社会脱轨！"

"我的儿子一岁半，在自己做全职太太的时间里，在每天陪伴孩子的过程中，我发现自己很渴望出去，因为如果出去的话，每天能接触不一样的人和事情，这样我会很开心、喜悦。整天宅在家，有时遇到孩子不听话的情形，我就会发脾气，这样既伤害了孩子，也伤害了自己。而且，因为没有与外界的接触，我与老公的话题也少了很多。同时还因为没有外出挣钱，老公觉得我没有体现自我价值。所以，我现在很不想做全职太太。"

……

其实，很多人对全职太太的理解都错了！对男人和婚姻的联想也错了！

大家反对的不是全职太太这个身份，而是心态。大家反对的是围着灶台、围着老公、围着孩子的"三围女人"，而不是全职太太。"三围女人"和全职太太是不同的。前者一不小心就会与社会脱节、被社会淘汰、被老公嫌弃；后者不等于随时可能被老公抛弃的黄脸婆，有些全职太太活得很绽放、很精彩、很滋润。现代社会可谓是全民缺乏安全感，很多女人情愿选择做女汉子，也不要做小女人。她们认定工作和自己赚钱养自己，比婚姻和老公更值得信任、更可靠，谁让当今的离婚、外遇和背叛那么多呢。但你要知道，男人不是个个都出轨外遇的，婚姻更不是家家都不幸的。

我个人觉得，中国目前最大的缺陷是全职太太太少，而不是太多。而且有些全职太太是出于无奈才做的。

"很不想，也觉得不应该做全职太太。可是没有人带孩子，孩子小，动不动就生病上医院，现在上学了，一天三顿饭，又是各种兴趣班，回家还有作业，在没人带孩子的情况下，除了自己不上班还能怎

样?生个娃容易,养个娃太难……"

这位就是迫于无奈,把孩子的需要放在首位的全职太太。但这样的妈妈其实不多,现在很多的妈妈都把孩子直接交给了爷爷奶奶、外公外婆甚至是保姆阿姨。她们不知道,0~7岁的成长期是孩子未来一生的基础,在这个最关键的阶段,孩子和父母的亲密关系不仅决定了孩子情感和智力的发展,还影响着孩子获得成功的技能——沟通力、同理心、自信心和安全感。

我之所以选择相对不稳定、比较有压力的自由职业,最主要就是为了让自己成为有更多时间陪伴孩子的全职太太。

一位很可爱的金粉说:"全职太太并不可怕,如果丈夫完全有能力支撑一个家,由太太全心带孩子也很重要。"有人反驳她:"时间久了双方会没有共同语言的,外面的花花世界那么夺人眼球。带孩子带老了就成黄脸婆了,如果你被抛弃了将一无所有。"她的回应是:"那你不能不让自己被抛弃吗?你老公有能力支撑家庭,难道没能力支撑你的脸?有时候是你自己懒惰,不是钱不够,不是吗?让自己做到上得了厅堂、下得了厨房,思想上也不掉队,不断学习提高自己,他会不要你吗?即便他真的不要你了,你有魅力又有能力,谁怕谁啊!"

其实无论是职场,还是家庭,早就没有了终身保障,都是随时可以解除合约的合同制。什么样的女人可以保住饭碗和家庭呢?还是那句话:一个有魅力又有能力的女人!魅力让男人离不开你,能力让你离得开男人。如果你已经是这样的女人,却还是要失去一些对你来说最珍贵和重要的东西,那就是命运给你的考验了。

如果你现在是全职太太,我为你的孩子开心,因为有妈在家的孩子是个宝啊!但你千万不要成为"三围女人",因为全职而丧失积极阳光的心态、自我提升的时间和独立生存的能力。所以,把家庭当作另外一个职场,注重自我形象并不断学习充电,给孩子一个快乐智慧的妈妈,给老公一个迷人性感的老婆,成为更好的自己吧。

颖姐心语

其实,做一个可以依靠老公、在家相夫教子的全职太太,一直是我心里的梦。不过,我非常清楚,一个完全没有独立生存能力的人,内心是空洞而不安全的。因为,每个人除了需要感受到被爱之外,还需要感觉到安全和有价值。但当你把自己的一生依附在一个男人身上时,你就不可能有安全感和价值感,无论他多么爱你。

所以,我要过的人生,就是嫁一个可以依赖的男人,却依旧拥有自己的事业与爱好。即便有一天,真的没有了那个他,我还可以为自己撑起一片小小的天地,有能力过好自己的一生。

离婚，与孩子无关

亲爱的朋友，扫描二维码，就可以听到我为你们读的本节内容

> 完整的家庭不是孩子成长的必需品，父母的相爱才是！如果一个完整的家庭组装的是三颗破碎的心，保留一个形式又有什么用？

也许你早就想过要离婚，但是……也许你们吵架时也多次提到要离婚，但是……。

将就的婚姻中的每个人有着各自不同的需要和纠结，但其中有两项最一致。一个就是没有钱，想离却离不开；一个是有孩子，想离又心疼孩子。

关于钱，我们先不谈，在这里我们先说说孩子。

林说："第一次去办离婚手续，是在民政部门的离婚办理大厅，才一岁多的儿子，一边拍手，一边跳着说：'哦，离婚喽，离婚喽……'看着孩子，我们两个人都哭了，在民政局办事人员的劝说下，我们就回家了。时隔五年，我们最终还是因为吵架频繁而离了。后来前妻想要复婚，让长大了的儿子来和我说，结果孩子只把这个事情告诉了奶奶。奶奶问为何不去和我说，想不到孩子说：'他们吵成那样，在一起过有意思吗？'"

很多想离却心疼孩子的夫妻总是想"孩子还那么小，离婚伤害了孩子，怎么办"，却不想想"我们总是吵架，伤害到孩子，怎么办"。

离婚，和孩子无关。离婚，是两个大人之间的事情，千万不要拿孩子说事和当借口。

完整的家庭不是孩子成长的必需品，父母的相爱才是！如果一个完整的家庭组装的是三颗破碎的心，保留一个形式又有什么用？

不对，有用的。作用就是用大人的错误来惩罚孩子，就像小米的家庭一样。

小米离婚了，最主要的原因就是老公总发脾气、总和她吵架。小米的父母吵了一辈子的架，小米上大学时问他们："你们过得那么不开心，为什么不离婚？"小米妈妈说："你还在读大学，弟弟读高中，都没有独立，我们怎么能够离婚啊！"等小米和弟弟都参加工作后，父母依旧吵得不可开交，甚至有时候会大打出手，闹到小米开始劝他们离婚。但得到的回应还是：因为要考虑小米和弟弟，要帮两个孩子买房还贷……所以不能离。但在小米看来，父母在一起的生活，很多时候都是彼此折磨，没有尊重、感恩，没有欢笑，有的都是对对方的指责、挑剔和抱怨，甚至是仇恨。

小米的外表看似很阳光，却时不时地做噩梦，在梦里伤心欲绝地哭醒，醒来后继续难过地哭。而在大多数的梦中，不是被妈妈埋怨了，就是爸爸又和妈妈闹不开心。

小米说："其实，我的父母非常非常爱我，我常常说他们是世界上最好的父母，总给我很大的空间和很多支持，几乎不干涉我的任何选择和决定。在这方面，我真的比起那些在父母的控制中长大和生活的孩子们来说幸运很多！但我总是开心不起来，感觉自己像个罪人一样，拖累了父母。"

其实，很多父母都和小米的爸妈一样，很爱孩子，却又一直没有

意识到：孩子需要的不仅仅是父母的爱，孩子还需要父母的相爱。如果你们爱过，现在不爱了，就想办法看看怎么才可以再次相爱；如果怎么努力都还是不爱，那就像明星Selina和张承中一样，彼此感谢、尊重和祝福地离婚吧。

离婚并非坏事，孩子也没有你想象的那么脆弱。一个破碎的家庭，会让孩子伤心、沮丧、难过，但让孩子长期生活在父母的争吵、埋怨，甚至是仇恨中，不仅仅会让孩子和小米一样做噩梦，还会影响孩子未来的婚姻和事业。

不健康的父母形象远远比不完整的家庭对孩子的伤害大得多。请停止当着孩子的面指责、攻击和批评另一半，更不要对孩子说："他（她）不是人，不是个东西！"你自己逞了口舌之快，却让孩子成为大人战争中最大的牺牲品。你要记住，无论你的伴侣多么不是个东西，都是孩子的唯一。你离婚后还可以换个伴侣，或者谁也不找，你可以痛恨全天下的男（女）人，但孩子没得换，要孩子承认自己最爱、对自己最重要的、一辈子都换不了的亲人不是人，要恨自己唯一的爸爸（妈妈），那心灵要多扭曲啊！

所以，不要再拿孩子当借口了，不要再说："如果没有孩子……要不是因为孩子……我们早离了！"更不要对孩子说："你看，都是因为你，否则，我早离开你爸爸了。"其实，一个人想离婚却一直没有离，无非是因为对对方还有感情或者是还需要对方。但更多的是，前者是放不下自己的付出，后者是放不下自己的需要，一个是不甘心一个人过，另一个是没有信心一个人过，其实就那么简单。所以，要直面自己内心真实的感受和需要，做个真正成熟的大人。

如果你还要保持婚姻，请一定要告诉孩子："宝贝，爸爸妈妈目前遇到了一些关系上的问题，我们会努力想办法解决。最近我们可能会有些负面情绪和争吵,但你一定要知道,这些都不是你的错,爸爸妈妈都是爱你的!而且会爱你一辈子。"

如果你决定离婚,请一定要告诉孩子:"爸爸妈妈决定不再生活在一起了,这个不是你的错!爸爸(妈妈)永远都是你最好的爸爸(妈妈),而你永远都是爸爸妈妈的宝,爸爸妈妈会依旧爱你!"

让人痛苦的往往不是发生的现实,
而是不愿意和无法接受这个现实,
但一切已发生,无法改变和重来,
你是选择接受,还是选择痛苦呢?

他外遇，是你写好的剧本

亲爱的朋友，扫描二维码，就可以听到我为你们读的本节内容

> 夫妻之间的性关系，不仅仅取决于两个人的感情，还取决于一个人的潜意识。

你现在的生活，是你自己潜意识里写好的剧本，你发现了吗？当他有外遇时，很可能就是你自己想要的，你意识到了吗？

Helen的老公有外遇了，半夜玩车震时被Helen当场抓住。

Helen理智和优雅地要求老公在车外等她，而后上车问那女人："你想和我老公结婚吗？"一脸尴尬和紧张的女人说："不想，我不想离婚。"Helen说："那你们就不要再联系了，好吗？"女人说："好。"

Helen的处理方式在我看来超级赞！比起那些当场打给老公看的原配们强多了，即给足了老公面子，又要到了自己想要的"承诺"。

可是老公却继续和那个并不想离婚的女人在一起。事发后，不屑给Helen任何解释，他用行动告诉Helen自己的态度：离婚，可以；如果不离，就要保持现在这种关系，并主动提出与Helen分居。

这个男人的表现，让我联想到小时候犯错被大人抓到，打死都不承认错误的那种男孩。Helen的故事也让我回想起很多年前，我在恰克博士的大鸿运知见心理学工作坊里的一个场景。

"你为什么想要你的老公外遇？"恰克博士微笑地问台上的焦点人物，刚才还在倾诉老公不和她做爱，却在外面不停地拈花惹草的、哭得稀里哗啦的学员，听到这个提问，她一下子愣住了："我没有想要他外遇啊，我怎么可能想他外遇呢？"恰克博士摇了摇头，再次笃定地微笑着问道："不！是你想要的！你为什么想要你的老公外遇？"

虽然说一个巴掌拍不响，婚姻里有了状况，两个人都有责任，但没有谁是想要被背叛的。可是，恰克博士依旧很笃定地问："你为什么想要他背叛你？"

全场沉默，女子深思。"你觉得你曾经背叛了谁？"老师温和地问。女子回答："爸爸。"

也正是在这一次的研习会里，我更加深刻地意识到："被背叛也是自己写的人生剧本。""恋父情结"会让人在潜意识里用各种问题推开伴侣。

也就是说，夫妻之间的性关系，不仅仅取决于两个人的感情，还取决于一个人的潜意识。

一个男人在外拈花惹草且不知悔改，不单单是这个男人很不负责任，还有可能是妻子从来就没有真正满足过他，更有可能是妻子的潜意识推开了他。也就是说：他外遇，都是你"逼"的，都是你潜意识想要的结果！

Helen和我提及自己在三岁的时候就失去了父亲。说自己发现老公的外遇后被痛苦、不安全感包围着，形成强大的恐惧，所有的压力压在胸口让她窒息。她还感觉到有自杀的冲动，但却又不是自己想要这样做，好像有一种外在力量去牵引她这么做似的。

我的直觉告诉我：在Helen的潜意识里，她把老公当作自己的爸爸，并一直在老公身上找寻童年失落的父爱！

所以，老公半夜玩车震，可能是因为Helen平时没有满足他，更加有可能是——"爸爸"和"女儿"是无法做爱的。如果一个人的潜意识里把"伴侣"视为"父亲"，只能有亲密却不能有性爱，否则就是"乱伦"，而当你爱着自己的爸爸，你和另外一个男人越亲密，你的潜意识会让你越觉得"背叛"了爸爸。

"乱伦"和"背叛"怎么可能让你和伴侣亲密？所以，你的表意识里很爱对方，你的潜意识却在推开对方。那么，生活里会发生什么呢？可能

带着觉察走进你的心，进入一扇扇紧闭的心门，
你将发现，所有的痛苦，都来源于对爱和自己的怀疑。

是你们的性爱越来越平淡无趣，你的伴侣会被诱惑，而这个诱惑可以是另外一个女人，也可以是某种瘾头，比如赌博，还可以是某件事情，比如工作。

另外，在你无意识地推开对方，却发现真的要失去对方时，曾经深植于潜意识里的"失去爸爸"的恐惧就被牵动出来。于是，你现在要面对同时失去生命中最重要的两个男人的情形，心灵一直很脆弱的人，就会像Helen一样，感觉到一种无形外力的控制和影响。其实，没有外在的力量，所有的影响都来自我们的内心没有处理好的情绪与情结。

你现在的生活，也是你自己潜意识里写好的剧本，你发现了吗？如果你的关系不是你满意的样子，也是你自己潜意识里想要的，你去觉察下吧！

你为什么不说"滚"

亲爱的朋友，扫描二维码，就可以听到我为你们读的本节内容

为什么已经痛彻心扉到不能自已，却还死守着一个无情而自私的男人不放？！答案是三个字，不过不是"我爱你"，而是"不甘心"。

医生给小语开第一瓶抗抑郁药的时候，正值小语发现男人有外遇了。现在柜子里的抗抑郁药，应该是小语的第三瓶了，但她的胸闷、心痛、忧虑依旧。而她的男人还是一如既往地和那个女人在一起。

男人每天还会回来，但收拾收拾、换换衣服就又去那个女人那里了。小语问："女人之间的差别就会那么大吗？为什么同样都在付出和给予，却换来不同的对待？"小语每天都在压抑自己，偶尔憋不住就会和他吵。吵多了，男人就说分开，准备收拾行李，可小语又死活不让他走。是自己真的舍不得吗？还是不甘心他对别人那么体贴？小语自己都弄不清楚，只知道自己快崩溃了……她一边在网上寻找抚慰心灵的文字和节目，一边却又陷入想不开的漩涡。

被煮在温水里的青蛙会被慢慢升温的水煮死，滥情中的你会被日渐积累的压抑摧毁。

为什么已经痛彻心扉到不能自已，却还死守着一个无情而自私的男人不放？！答案是三个字，不过不是"我爱你"，而是"不甘心"。

爱情其实不怕付出，就怕被比较。尤其是你越付出，那个男人越无情，你越忍让，他越对另外一个女人好的时候，你所有的付出都会像一个又一个响亮的耳光打在自己脸上。

这个时候，你看再多的文字、听再多的节目都没有用，你需要做出彻底的选择！

可为什么明明知道这样下去是死路一条，最终受伤最深的是自己，而你还是无法转身离开？是因为你害怕，你对自己一个人走接下来的路害怕，没有信心。另外，你认定这个男人都这样对我，下一个一定也好不到哪里去。于是，你情愿屈就在被侮辱的位置，情愿让自己生病，也不愿意转身离开。

对那个男人说"滚"吧！

当一个男人不懂得什么叫作基本的尊重和责任的话，你要做的其实就是对他说"滚"！

别和自己的"不舍"较劲，一个只会体贴别人的男人，留下他来有什么用？这样的男人又有什么值得留恋的？！要知道，你现在对他的"不舍"就是对自己的"伤害"。

其实，你也知道，自己不是真正的"不舍"，而是"不甘"，你无法面对这个曾经相爱过的男人的变心和多情，你无法面对他一边对你的残忍，一边对另外一个女人的贴心。

所以，你不能再继续压抑自己，让他和自己都横下心来，下个最后通牒：要么回头，要么滚蛋。

如果你想要咒骂他们，没有关系，不必压抑！虽然很多书里或者我也常常说：要宽恕，要原谅，要修行。但是，那是你在彻底宣泄掉负面的情绪之后。现在的你，不必做好人，不要压抑你真实的感受。把自己关在一个人的房间，好好骂个够！

当然,我不是要你把情绪都发泄在那个男人身上,你要在他的面前保持基本的优雅和淡定。如果你想要给这个男人一记耳光,我不会反对。有些男人之所以欺人太甚,就是因为看到你的软弱、讨好,觉得自己吃定了你。所以,你真的想的话,就请狠狠地给他一记耳光,而后优雅地转身,不要有再多的动作。即便你要大声哭泣,也要是在一个无人的地方。

有一天,你会明白,当你学会真实地面对自己,尊重自己的感受,对那些不尊重自己的人给予一定的还击时,他们记住了教训,而你则获得了自由。

颖姐心语

亲爱的,千万不要因为这个"滚"字,在某种程度上帮助你发泄了伤痛和情绪,就随便和你的他说"滚"。如果你细心些,就会发现,同样是"老公出轨"这件事,我对这个金粉说:"你为什么不说'滚'",却又对另外一个金粉说:"你为什么不给他和自己一次机会?"

因为,看似同样的事情,却因为有着不同的背景、不同的具体情节和不同的主角,而让一切千差万别。人生最大的智慧就是绝不以点带面、以偏概全地认识事物,也绝对不会简单地把他人的经验直接搬到自己的生活中。

遇到问题,先静下来,好好想想:什么是我真正想要的?我现在的所言所行是接近我的目标,还是远离我的目标?而后想方设法地管理好自己的情绪和那张冲动的嘴,如果说不出积极正向的话语,如果说出来的话只会创造矛盾和争吵,就"打死也不说"!

▍第四章

做智慧的另一半，让幸福加倍

两个人的相处其实不难，难的是你无法放下对与错。

婚姻未必是爱情的坟墓，葬送了爱情的是你的执着。

越承诺越自由

亲爱的朋友，扫描二维码，就可以听到我为你们读的本节内容

> 爱并非只是一种"我喜欢你，想和你的在一起"的感觉与宣言，同时也是一种"可以让我爱的人过上自己想要的生活"的能力与责任。

有些人迟迟不进入婚姻，不是没有遇到爱的和对的人，而是害怕承诺，害怕失去自由。但承诺和自由真的是对立的吗？

小雪深爱了他7年，每个周末两个人都会见面，吃饭、聊天、看电影，当然也会发生男女之间的那点事。双方父母都见了，彼此朋友都认识，但就是一直没有步入结婚的圣殿。眼看小雪已经35岁了，再不结婚生孩子就错过了最佳的年龄，双方父母都特别着急，小雪自己也急，可好几次提及此事，那个他总是避而不谈。一次，小雪一个人出差在外，却不想病倒在陌生的他乡，孤单无助还有一阵又一阵的剧烈头痛与恶心让她倍感伤心，在深夜哭着在电话里问他："你到底爱不爱我？"电话那端的他说："我当然爱你，你在哪里？等我！"

他连夜赶晚班飞机飞到了小雪的身旁，小雪泪眼汪汪地看着他说："我知道你是爱我的，但你为什么不娶我进家？"而他只是紧紧地搂住小雪，说："我爱你，不要胡思乱想，好好养病！"那一夜他抱着小雪，抱到四肢发麻都没有放开，第二天看到小雪病情稳定才又赶早班飞机回去上班。临行前，他握着小雪的手说："好好照顾自己，等我回去把公司今年最大的合同签好，我就再回来接你。"看着他匆匆离去的背影，小雪问自己：要不要等他？要不要继续坚守这份有爱却没有承诺的关系？想着想着，泪水就再次滑落。有些答案虽然清晰了然，但要真正做决定哪里那么容易？等他当天乘飞机带着玫瑰赶回医院时，小雪的病床却已经空了，医生说小雪自己办理了出院手续，早就离开了。而从那天起，他就再也联系不到小雪了。因为小雪终于还是做了决定，把自己所有的联系方式都换了，也搬离了原来的住所，换了新的工作。而后开始接受父母和亲戚们安排的相亲，虽然她知道自己还爱着他。

当我遇到小雪时，已经是在这个故事发生的两年之后了。我问她："后来情况如何呢？"她说："因为心里一直有他，所以无论相亲对象的条件再好，都没有人可以走进我的心。"时隔一年后，他又通过她的妈妈找到了她。想必老人家也知道两个人是有感情的，希望看到一些转机。但事情并没有向大家期待的方向发展。他对小雪说："我是爱你的，你是我遇到的最特别、最单纯的姑娘，我最不想的就是伤害你。但我给不了你婚姻，我这辈子都不会结婚的，无论和谁！可我还是想和你继续在一起。"

唉，又一个自私而害怕承诺的男人！我常常提醒那些因为恋爱而令自己智商为零的女人，当一个男人只考虑自己的感受和需要，既不愿意给予你承诺，却又要求继续和你保持关系的话，无论你有多爱他，请即刻离开他。因为他今天的自私不会在日后滋养你，很可能还会越演越烈，而你今天的爱却会在日后拖累你，一定让你越陷越深。

好在小雪没有让自己深陷其中，因为她非常清楚地知道，自己是需要婚姻和孩子的，无论婚姻和孩子将带给自己的是什么。要下决心

离开一个自己爱的人很难,尤其那个人也宣称爱着你,但一直煎熬在一份没有未来的关系中更难。

当然,我这里不是说,婚姻是爱情的唯一出路。就像我的一个闺蜜,和她的男友在一起已经12年了,两个人没有领证也没有要孩子,因为彼此都很认可与接受这样的相处模式。用我闺蜜的话来说,"其实那张纸并不能代表什么,有的人有了那张纸但很快就被另外一张纸代替了——将结婚证换为离婚证。我们一直在一起,比起刻意去领一张纸更为重要"。虽然这些话听上去很有道理,这也是目前不少人认同与选择的生活方式,就像小雪的那个他一样。如果你自己就持这样的观点,你要坚持自己的选择,也完全没有问题。但你可能需要留意的是,这是你此生的宿命和真正的需要,还是你害怕失败和心碎的一种逃避,或者是你回避责任与罪恶感的一种手段?

据说有些人来到此生就是准备好用单修,也就是独自一人生活的方式来体验人生的,这些人目前大部分在寺庙里,少部分入市而修生活在我们周围。命运是这么安排的也没有什么不好,但有相当多的人,是被"婚姻是爱情的坟墓"这句话吓坏了。的确,很多人的原生家庭里充满了战争、伤害和痛苦,而越来越开放的社会中越来越高的离婚率似乎也都验证了这个观点。所以,这些人被吓坏了,认定与其痛苦相处而后伤心地分手还不如现在就保持好距离,其实他们并没有了解到,心碎带给一个人痛苦的目的是让这个人成长,而选择孤独只会局限自我。

也有一部分人,是因为不愿意承担责任。在他们看来,承诺就等于交出了自己的自由,承诺就等于要被婚姻约束。而且外面的世界那么精彩,诱惑和可能性那么多,没有承诺就意味着有更多的选择,同时一旦不小心犯了错,没有承诺就会没有罪恶感。但这些人没有认识

醒来!
不仅仅只是从梦中醒来,更重要的是从你认定的信念中醒来。
看看你的生活,如果还有很多的不如意,那就是该醒来的时候了。
问问自己:
是什么样的信念创造了我现在的生活?
到底我在限制着自己什么呢?

到，其实一个人越承诺才会越自由。

一个敢于承诺的人，是敢于选择相信爱的人。一份坚定的承诺，可以让亲密真正地发生，让彼此有力量去面对关系里的冲突和问题，即便是心碎与痛苦。一个愿意承诺的人看似外在的选择少了，但内心的自由多了，力量也大了。

我们可以一起回想下，在自己的关系里，什么状态下矛盾会升级、争吵会不停、痛苦会增多？是我们不想继续承诺对方的时候，是我们认为自己选错人的时候，是我们想着也许下一个会更好的时候。这些时候，你会发现自己越来越挑剔对方，看到的都是对方的不足与不好。那么，在什么状态下你会体验到关系里的亲密和甜蜜？是我们选择继续承诺的时候。这个时候，你会更多地想到对方的好，能感受到自己的喜悦和彼此爱的互动。只可惜，很多人只看到外在的自由，却不知道越追求外在的自由反而会带走一个人内心的力量，而适当的自我约束，却可以让人感受到内在的自由和那种自我掌控的强大力量。

所以，如果你和小雪一样，遇到了一个想和你在一起却不愿意给你承诺的他时，你需要的是好好想想："没有承诺、没有婚姻、没有孩子"的生活是不是你真心想要的？千万不要为了爱情而委屈和牺牲自己，因为爱并非只是一种"我喜欢你，想和你的在一起"的感觉与宣言，同时也是一种"可以让我爱的人过上自己想要的生活"的能力与责任。如果你想要的生活，对方给不了你，请勇敢地道一声"珍重"，而后转身离开吧！

有时候我们需要一些善意的谎言

亲爱的朋友,扫描二维码,就可以听到我为你们读的本节内容

有时候我们需要一些善意的谎言,来温暖自己和慰藉受伤的灵魂,让自己保持希望。

有时候我们需要一些善意的谎言,来温暖自己和慰藉受伤的灵魂,让自己保持希望。相信一切的发生都是最好的安排,一切都会越来越好!即便很多事情真的很容易让我们失望,但如果我们对一切都失望的时候,生活就开始变得艰难起来。我们会紧锁心门,不愿意去信任也不敢去付出。这样一来,我们就把自己和未来都囚禁在过去,从而越来越不快乐。

王丽同居了两年的男友,最近绝情地和她分手了。这个男人不但说走就走,走之前一点情分都不留地说了很多伤害人的话,走后还把王丽所有能联系到他的方式全拉黑,连一面都不见。王丽说她想不通,为什么他这么残忍和无情。之前两个人很少吵架,有很多美好的回忆,男友对她很好,还带她回去见过父母。而且,认识他的所有朋友都说他是个好人。王丽问我:"难道我在他眼里真的只是填补了他的空虚吗?难道他真的一点都不想我?难道他一点都不会想起我们那些美好的回忆?难道就这么说不爱就一点都不爱了吗?……他为什么对我这么残忍?!"

"他是爱你的！至少他曾经爱过你！他也不是真心想要伤害你的！"王丽听到我的这番话，眼泪一下子就落了下来，半信半疑地问我："金老师，你说的是真的吗？""当然是真的！"我坚定地回答。

如果你和王丽一样，也被自己爱的人伤害过的话，我也想告诉你：他曾经爱过你，并且不是刻意想要伤害你的。当然，你有可能想相信但却又很难相信，你很可能认定："如果他爱我，就不应该伤害我和放弃我。"无论那个男人的言行举止有多么自私、残忍、无情，我都希望你不要抹去那些曾经的美好，不要把他想得过坏。你可以常常哄哄自己内心那个受伤的"孩子"，告诉她："他不是真心想要伤害我的。"你要不停地重复这句善意的谎言，直到自己真的相信为止。

我遇到过一些翻脸不认人的事和刻意欺骗我的人，这么多年，也遇到很多被人伤害过的求助者与学员。但我始终都认定，这个世界还是好人多，而且很多时候我都不愿意把这些伤害了他人的人想得很坏，因为那样只会徒增我们自己的痛苦，会让本来就很伤心的我们更加的失望，对人性、对爱情、对自己都产生怀疑！如果我们对一切都失望、都产生怀疑的时候，生活就开始变得艰难起来。我们会紧锁心门，不愿意去信任也不敢去付出。这样一来，我们就把自己和未来都囚禁在过去，我们会越来越不快乐。

所以，很多时候，我愿意把人想得好一些，相信这个世界上，没有人会刻意想伤害谁。

我愿意选择相信这些人有他们自己无法言说和无法面对的苦衷，即便这个苦衷很可能是为了一些很自私的欲望。我愿意选择相信是这些人因为害怕和恐惧，因为不懂得如何更好地处理问题才会变得那么的幼稚，才让人性中的劣根占了上风。无论你遇到多大的挫折和伤害，无论你看到了这个世界多少的乱象和让你失望的事情，我都邀请你和我一起，坚持在人性本善还是性本恶的选择题中，选择坚信人性本善。

我也邀请你和我一起，学会接受与面对发生的一切，并把一切都往好的地方去想：

"他现在有自己无法面对的苦衷……"

"他不是刻意想要伤害我的……"

"他的离开是老天的安排，为的是让更加适合的人走近我！"

我们的心灵需要一些美好的童话，
唯有这样，人生才有色彩与希望。

"真正属于我的他,会在某个最恰当的时间和最适合的地方与我相遇。"

把这些话不停地说给自己听,刚刚开始,你的头脑和你的心都不一定会相信,那你就当这些是善意的谎言,而你在说给一个刚刚失去自己最心爱的一切的"小孩"听。你要一直温暖和耐心地陪着她,当她难过时,就陪着她一起好好大哭一场,在痛哭过后,继续和她说说这些话,直到她开始接受,开始好好爱自己。

对与错真的不重要

亲爱的朋友，扫描二维码，就可以听到我为你们读的本节内容

> 当我们在关系里开始争论到底谁对谁错时，就再也没有赢家了。谁对谁错真的不重要，重要的是两个人的开心。

小霞每次和老公一吵架，不是拉着老公要说个清楚明白，就是去找亲戚评理，一定要说出个你对我错来。其实，婚姻关系里哪里有那么多的对与错？你从底部挤牙膏，他从上部挤，这里不是对错问题，而是习惯问题；你喜欢在品牌专卖店血拼，他乐意地摊上随便挑两件，一个要的是名牌带给自己的感觉，一个要的是随性舒服，这有对错吗？

不少人在和伴侣吵架时，总是期待对方先退让一步，要求对方先低头认错来哄自己开心。但长久以往，这种"老婆永远是对的，如果不对，请参照第一条"的状态会挫败男人的自尊与消磨男人的耐心。

在相处关系里的每个人，特别是在两个人发生矛盾时，一定要思考一个问题：到底是对错重要，还是快乐重要？是自己认定的好重要，还是对方的感觉比较重要？是争论个你输我赢重要，还是两个人的感情重要？

　　我最近也和我老公发生了一次争论和摩擦，在两个人都很生气、伤心、冷战之后，虽然我一直渴望老公像之前一样主动走过来抱紧我，但我在百般纠结后选择主动走近他，结果老公紧紧地抱住我说："你是世界上最好的女人。"我才更加深刻地发现，在婚姻里需要被哄的不仅仅只有女人，其实看似坚强的男人也有很脆弱和敏感的内心，也需要有人可以温柔低头主动走近他们。有时候，我们会陷入一个女人的骄傲里，总觉得应该是男人先低头先认错；或者我们陷在渴望被爱和证明被爱着的误区里，其实我们也并不是想要对方认错，我们只不过想要得到一种被爱的证明。这样的不断证明自己是对的、自己是被爱的，伤掉的不仅仅是夫妻之间的感情，还伤掉了男人的自尊和耐心。

　　我在讲课的时候，常常问我的学员们："当两个人发生矛盾的时候，到底谁对呢？一定是那个掌握真理的人吗？"不！对的应该是那个首先认错和和主动示好的人。因为这个人不纠结于自己的情绪和感受，而把彼此的感情和对方真正放在第一位。

　　所以，亲爱的，如果在下次再和你的他抬杠时，你不妨和我一样，放下自己的架子，而给出自己的需要。同样作为女人，我们都很清楚，当我们独自生闷气或者伤心时，在我们内心最深的渴望就是对方的关注和爱；我们嘴上说着气话或是甚至让对方离开的话，似乎还在跟对方生气，但真正让自己更气的是，"这个死鬼怎么还不来哄我抱我"。可我们却忘记了，每个男人的内在其实都是小孩，他们一直以英雄的角色在这个世界上打拼和证明自己，而回到家，他需要的不仅仅是一个妻子，还需要一个"妈妈"，一个可以接纳他、包容他、宠着他、爱着他的百变女人。

　　当然，作为现代的女性特别不容易，要兼顾的角色和责任非常多，为家庭付出和牺牲的也很多。可女人的本性是水、是柔弱的、温暖的。如果我们每个女人都学会快速清理和调整好自己的情绪，而后给出自己的温柔与接纳，这个世界的男人会倍感幸福和充满力量，那他们将回报给这个"世界上最好的女人"意想不到的惊喜。

你喜欢红色的花，我喜欢紫色的花，
并非花朵本身不同，而是你我各异。
正是有千差万别才让世界精彩纷呈，
爱他就请接受他、尊重他、允许他！

你可以自私，但不能绝情

亲爱的朋友，扫描二维码，就可以听到我为你们读的本节内容

不要逼迫自己做道德模范，因为你撑不了多久。能够让你坚持下去的，只有你对他的爱和他对你的好！

如果你的他得了重病，很可能将瘫痪在床，你会怎么办呢？

小梅的未婚夫得了动脉粥样硬化。她说："我觉得没了希望，压力好大，怕他以后瘫痪，想跟他分手。可他是个很好的男人，真不知道该怎么办。不知道金老师能不能点拨一下？"

说实话，看到这样的一个问题，我还真的一时半会儿不知道怎么回答。我问自己：如果是我，我会怎么办？！我发现真的好难啊！是做一个为自己考虑的、自私的人，还是做一个为一个好男人奉献自己幸福的高尚者？

我在录制吉林卫视的《新闻纵贯线》节目时，正好遇见了三个残疾人，一个人从小就失去了一条腿，一个人在汶川地震时失去了两条腿，还有一个人因为车祸而高位截瘫。他们在经历了人生的磨难之后，一个是"单腿舞王"，舞蹈跳得震撼全场，成为"中国单腿托马斯"第一人。一个成为了"无腿蛙王"，获得游泳冠军。还有一个成为了"网商巨人",用四分之一不到的身体(手都没有力气),建立了自己的网商王国。当我看到出现在他们身边健全、美丽而善良的老婆们时,我感觉到这些女人真伟大。

但我不得不告诉你,我多次问过自己:我可不可以做到这样?实话实说,如果是我,我不会主动选择一个残疾人做自己的伴侣,同时我也不会同意自己的女儿做这样的选择。现场录制时,我身边的两位男嘉宾老师大肆批判了"网商巨人"的前任妻子。只因为在他瘫痪后,他的前妻带着女儿选择离开他。大家都说这个女人自私。可是,我想的却是,为什么主动走掉的人被大家骂是自私的,而要求妻子为自己牺牲的病人却没有人说他自私呢?如果我瘫痪了,我一定会主动提出和伴侣分手的,我自己都过不好,为什么还要拖累别人,还要认为对方的离开不应该呢?!我不会因为同情弱者,就用道德观去随便评价谁自私与否。所以,我只是心理专家,不是道德专家,我只负责倾听你的故事、陪你谈心,我不负责解决你的问题和帮你做决定。

因此,我对小梅说:"如果你要选择离开你的男朋友,我支持和理解你。而且,容我武断地分析一下,其实现在让你犹豫不决的,不是因为爱情,而是因为道德感和你对这个男人的认可。但是他现在是好人,并不意味着他以后还会是好人,更不能确定他会成为好老公。如果他真的如你担心的那样,瘫痪了,还有可能因为疾病而变得脾气暴躁和行为怪癖,到时候你要面对的就很多了。不仅仅是生活上的一些艰难付出,本来在婚姻里有些事情是可以依靠男人的,现在变成了这个男人什么都要依靠你,甚至你还可能要牺牲掉自己身为女人的一些需要。关键是如果他脾气不好的话,你会因为所有付出和牺牲而倍感委屈。你真的可以经受得住这些吗?"

那些在电视上或者在生活里,能够陪着瘫痪丈夫一起共渡难关、共同生活的妻子们,要么是有奉献自己的大爱,同时具备着惊人的意志力和忍耐力,要么就是被那个身残志坚的男人深深吸引。比如我刚才说的"单腿舞王"和"无腿蛙王",绝对是顶天立地的、完整的男人,连我看着都喜欢和欣赏。而"网商巨人"那克服困难的坚韧毅力也让人不得不佩服。

所以,你真的不要为了面子,不要被道德绑架,也不要被自己的同情心驱使,而决定留在这个男人身边。你要问自己两个重要的问题:第一,我是否深爱这个男人到我为他牺牲奉献也心甘情愿?第二,这个男人的好,有没有好到足以弥补他因疾病带来的问题和困难?

如果你对上述两个问题的答案都是否定的,那我劝你,不要逼迫自己做道德模范,因为你撑不了多久。能够让你坚持下去的,只有你对他的爱和他对你的好!

不过,我还有两点一定要提醒你:

你可以自私,但不能绝情。不要简单粗暴地拍拍屁股直接走人,你走得越潇洒对方恨你就越深,你自己也会越内疚。所以,在大家都心烦意乱、不知所措时,不要做任何决定。你可以做的就是,先暂时放下婚约,就把你的男友简单地视为一个需要帮助的病人和朋友,把你们曾经的那些海誓山盟变为贴心的关怀与鼓励,给他最大的心理支持和安慰。

如果你决定分手,就要学会接受自己可能因放大的担心而导致的失去。也就是说,你男友不但没有瘫痪,他的动脉粥样硬化还被治愈了,可是你却已经不是他的女友了。你不要为自己失去一个好男人而后悔。当然，如果他仅仅是一个好男人，而不是一个你深爱的男人，你失去他也许是好事情，至少你没有"祸害"这个好男人，而让他有机会去遇到爱他的好女人。

 颖姐心语

人生最大的修炼之一，就是在自我和他人之间找到一种平衡来创造和谐。一味地强调付出和牺牲，用委屈自己来满足他人的期望和需要，是不真实的讨好；一心只照顾好自己的需要，而不在乎他人的感受，是自恋与自私，会造成诸多关系的矛盾和冲突。

我自己是讨好型性格，过于在乎他人的眼光，而往往把别人的感受放在第一。所以，我一直在找寻一条更真的路——你好，我好，大家好！虽然并不容易，但我仍在坚持尝试中！

如果他不是我老公

亲爱的朋友，扫描二维码，就可以听到我为你们读的本节内容

> 有时候，我们认定的相处方式未必就真的是合理的，它们只不过是自己很多没有被满足的需求的集合体。

先给你讲个笑话，这个笑话我以前常常在课堂上讲给学员们听。有一个老公，因为对老婆提不起性趣，就去找心理医生。心理医生给了这个老公一个秘方。果然，这个老公从此之后，每天都对老婆激情似火。老婆对老公的变化很好奇，因为老公每次云雨前总要一个人关在浴室好半天，她终于忍不住悄悄从门缝里看老公到底在干什么。结果发现，老公对着镜子不停地告诉自己说："她不是我老婆！她不是我老婆！她不是我老婆！……"

这种方法很简单，如果你真的可以这么认为。对于那些已经进入左手摸右手的两性关系，或者总是看不惯对方而彼此不尊重的两性关系，这种方法是具有治愈性的。

文小姐和自己的男友相处有一段时间，也到谈婚论嫁的时候了，但她始终无法下定决心和他结婚！原因就在于，文小姐总觉得自己心中想要的感情和现在的感情不一样。她说："我感觉好累，总是我要教他怎么做！爱不是应该自愿做你想做的对另一半好的事吗？爱不是要好好相处吗？但为什么我们和其他人相处时，尊重、欣赏、帮忙、理解都有，但对自己爱的人却常常做不到？昨晚梦到自己和别人约会，梦中的那个他发自内心地爱护我，我很愿意和他在一起。我到底怎么了？"

如果你无法下决心和一个人结婚的话，就暂时不要勉强自己下这个决心。用将就和勉强开始的婚姻，注定会遇到很多挑战。

很多人最初都特别浪漫，两个人爱得死去活来的。这属于两性关系中的罗曼蒂克期，你怎么看对方都是"情人眼里出西施"。但相处一段时间之后，彼此就很可能会感觉到差异，开始对他有很多不满。就像文小姐一样，她和自己的男朋友已经从罗曼蒂克期进入了两性关系的第二阶段——权力斗争期。两个人的价值观、脾气、生活习惯、相处方式等方方面面的差异表现得越来越明显，如果双方不做任何调整的话，就很可能进入两性关系的死亡期——要么分手，要么就是死水一潭，再也没有真正的亲密。

文小姐对自己的男友有着很多的期望，而且这些期望都没有得到很好的满足。所以，她就在自己的梦境里，通过梦到另外的男人，一个自己愿意跟随的男人来补偿自己。

我相信所有的女人都有着一个和文小姐同样的梦，那就是遇到一个自己愿意跟随一辈子的他。但现实生活却有可能会让我们有很大的挫败感，特别是当你的他和你的期望有差距时，当他无法满足你的需要时。

但你一定要知道，没有任何一个人是完美的，同时也没有任何人可以满足我们所有的需要。男人和女人之间本来就存在很多的差异，本来就是互为教练、互为学习的。

如果你的他是一个需要你去教他怎么做才会做的男人，其实，你

要谢谢他,愿意扮演一个"学生"的角色,来让你可以做"老师"。大多数中国男人在情感表达上就是缺乏和无能的,你不要被电影和小说误导了。那些既懂得女人心又愿意花时间并且还有能力去讨好女人的男人,实在不多。

所以,我对文小姐说:你一定要区分两个问题。

第一,他是否愿意被教导。也就是说,他是否愿意为两个人在一起而做出努力。在两个人的关系里,意愿比能力重要很多。如果一个人想改变却做不到,他就值得被理解和体谅,需要你给他更多的耐心和空间;如果一个人根本就不愿意为爱妥协,没有任何要改变的意愿,无论他说自己有多么爱你,他的爱都只是停留在口头上的,那这个人就可能不适合你,甚至不适合任何人。

第二,你的教导方式是否正确。有时候,真的不是男人不愿意为你改变,而是你没有给他改变的动力和信心。对任何人来说,改变都是痛苦的。正因为如此,才有很多人说,还是单身好,因为可以继续活在自己惯性的生活里,不用处理对方的情绪,不用面对对方的脾气,不用为了在一起改变这个和那个的。如果当一个人努力想要改变或者努力在改变的时候,听到的是不停的指责、唠叨和抱怨,看到的是一张不快乐的脸,这种苦上加苦的日子,是没有人想要过的。

另外,也要留意,你是否把自己的价值观和信念,用"爱"的名义强加给对方?有时候,我们认定的相处方式未必就真的是合理的,它们只不过是自己很多没有被满足的需求的集合体。那么,我们可以用什么样的方法来发现自己的认定是否合理呢?——把你关于两个人要如何相处的那些认定一一写下来,而后分别找三个同性,再找三个异性聊聊看,看看旁观者对你的这些想法的认可度。当然,如果你可以找更多的人,甚至找到一些陌生人最好。需要提醒你的是,要避免找那些一直认同你的闺蜜,她们很可能因为爱你而偏袒你的观点。尽可能多找异性聊聊你和你的他之间的问题,听听同样作为男性的他们,是怎么想、怎么感受的。

最后说说为什么我们总是伤害自己人吧!也就是,很多人和外人相处得都非常好,可以彼此尊重、欣赏、帮忙、理解等,但遇到自己的另一半,就矛盾不断、问题升级、面子里子都丢了呢?那是因为,我们总认定这个人是我的他,所以,他应该要这样,他必须要那样。

是阳光无条件的爱让万物生长,
它对一切从没有分别心和评判。
愿你也可以如阳光般温暖家人,
让并不完美的他依旧被爱滋养。

我们对这个我的他提出了太多的期望和需要，当他做不到的时候，我们就会失望和生气，觉得对方不应该，认定对方不重视自己。如果在两性关系里的我们，可以时刻告诫自己说："她不是我老婆！""他不是我老公！"用这种心态去面对你的他，让自己可以从惯性的关系里抽身出来，和这个他保持一定的心理空间。把他当作一个很要好的朋友来看待、来相处，尽可能地让自己多看到他的优点，并且两个人相敬如宾，也许你们的关系就会进入一个和现在完全不同的状态了。想想，如果每天我们都不是和老公相处，每天都是在跟一个你还不太熟悉、不了解的但很有好感的人在相处，你会用什么样的态度面对他？如果我们每天都换一个"老公"，会是什么样的感觉呢？

我可能说得理想了一点，希望对有些人有用。

有时候我们需要认命

亲爱的朋友,扫描二维码,就可以听到我为你们读的本节内容

所谓的认命,就是先学会接受现状。

为什么有些事情,结婚前也知道,但婚后却越来越无法忍受呢?为什么那个人,婚前还过得去,婚后却越来越让你难以接受呢?

其实,不是那个人的问题,也不是婚姻的问题,而是有些人,随便接受了命运的安排,却又不肯认命。有些人随便做了选择之后,却又不满意自己的选择,不接受自己的选择,也不愿意为自己的选择负责,还把问题推给他人,不痛苦才怪!

刘小姐今年刚结婚。结婚前就一直觉得爱人穷,但看在他对自己还算不错,人也老实的份上,另外家里也催得紧,就结婚了。两个人是所谓的"周末夫妻",只能在周末见面,平时刘小姐住宿舍,老公租房。刘小姐对现状越来越不满了:"他看起来不思进取,虽然总是忧心忡忡地想赚钱,但看不到他有任何行动。他的工作是软件销售,已经两年时间了,每月收入很低,前途不明朗。我劝他放弃,另找别的出路,他说不知道出去能做什么。我在办公室工作,工作安稳但赚钱也不多。我很担忧未来,为他的不思进取而烦恼。我们最近经常为

钱的事吵架，觉得很伤和气，也很伤他的自尊。"

刘小姐说："我想看到一个更积极的他，可以在周末两天多出去运动、交友、寻找途径赚钱，而不是窝在家里玩手机游戏、看肥皂剧。我们在一起时，我也能感觉到他不开心，因为我对他的期待和埋怨让他压抑。我能感受到他对金钱的焦虑和渴望，但感觉他毫无行动力。就这个问题我和他沟通过，我说我们可以去摆地摊什么的，他说钱没那么好赚。我希望他能给我更多物质上的安全感，我也很焦虑，想着以后的孩子、我们的将来，觉得前景很灰暗。"刘小姐问我两个问题："第一，如何改善我们的关系，让我们在一起的时候更开心？第二，如何改变我对他的不满？"

刘小姐就是一个随便接受命运的安排的人，选择了一个本来就穷的老公，现在却不接受自己的选择。这就好比，明明嫁了一只鸡，却一定要人家一下子变凤凰！日子久了，一个会变成怨妇，而另外一个本来想努力当个英雄，现在连狗熊都做不好，一定觉得窝囊。

其实，刘小姐需要老公，特别是需要老公赚钱，比爱这个男人多很多！现实生活中，不少人并非真心爱一个人，只是把自己的需要强加在对方身上，要对方为自己的快乐、幸福和未来负责。

从刘小姐的结婚原因就可以看出来，她不怎么爱自己嫁的这个男人！只是因为对方对自己好和家人的催促，刘小姐就把自己的未来随便低价处理了。而现在，刘小姐又不愿意承担自己凑合选择之后的结果，把自己更多的期望夹带着失望强加给老公，那这个老公怎么可能有进取心，两个人相处怎么可能开心呢？

事实上，刘小姐在嫁人的时候根本就没有想好，自己明明对物质有要求，却嫁给了个穷老公，而让自己处于现在这么尴尬的局面。

怎么办呢？

有时候，我们需要认命。

当你真正开始认命的时候，你才有可能找到转机，否则，你纠结的问题就有可能愈演愈烈。

所谓的认命，就是先学会接受现状。

比如刘小姐，要认自己随便嫁人而嫁了个穷小子的命。也就是说，要试着接受老公就是这样一个不思进取、没有能力、贪玩的穷小子。不要再把家庭经济改善的期望放在他的身上，而是应该考虑下，如果依靠自己来改变现状的话，要做出什么选择和努力。如果不认命，刘小姐的婚姻就会越来越糟糕，而且争吵和矛盾不断。同时那个男人会越来越无能，最后还可能会干出"农民起义"般的事，把曾经自己捧在手心的"皇上娘娘"休了。

其实，让一个人越来越没有安全感的，不仅仅是伴侣那些让人无法接受的表现，不是他的贪玩、不思进取和贫穷，而是你把自己的未来和期望交到一个你自己都不看好、不相信和不信任的人手中。如果一个人完全失去自己的做主权，不愿意为自己的人生负责的话，是最没有安全感的。因为不可控，你很难改变对方，你也控制不了对方。所以，你把自己的命运完全交给了他人，你怎么可能不焦虑、不害怕呢？

我建议刘小姐试试，换一种和老公相处的方式。

第一，要改变自己和老公的沟通模式。认命不等于彻底放弃和看扁老公，而是要把注意力多放在婚前自己选择老公的理由上，就是这

放下已知的一切,丢掉惯有的思维,
带着好奇与放松,跟随生命的流动,
遇见未知的自己!

个男人本分、对自己好，努力试着去欣赏和鼓励老公，而不是指责、挑剔和埋怨。我知道，要做到这点很难，但没有其他更好的选择，除非选择离婚，眼不见心不烦，彻底没有瓜葛。但离了婚的，谁又能保证刘小姐可以找到一个对自己好又富有的男子呢？

如果刘小姐想要让自己的男人成为一支潜力股，并且可以发挥出潜力的话，这就需要刘小姐做个智慧的女人！

我以前在给企业做团队培训时，经常播放一部名叫《超越巅峰》的短片。片子讲述的是一位棒球明星帮助从小长在鸡窝里的老鹰重新回到蓝天飞翔的故事。当那只老鹰多次从棒球明星的手中跳下来，在地上啄食时，真是让人着急。你可以从中看到无论是老鹰也好，还是人也好，常常都受限于不正确的自我认定中，从而丧失了自己的能力。最后，当看到老鹰终于摆脱"我是只鸡"的固有认知而展翅高飞时，特别激励人心。

如果刘小姐想要帮助老公突破现状，先要问问自己：我是否坚信他可以？然后还要问问自己：我是否是一个智慧的妻子，可以陪伴老公克服自卑和无助，耐心和坚定地面对一次又一次的失败，直到激发出他的潜力？任何一个人，要拿出突破自己的勇气和行动，需要的是信心。而一个本身先天条件不足的人，信心的积累和建立就更加需要身边的人用耐心和智慧去激发了。

第二，把注意力从老公的身上转移到自己这里。问问自己：如果我要依靠自己去改变命运的话，我可以做些什么学习和准备工作？如果我要让自己变得开心、健康起来的话，我可以做哪些事情？其实，现在是互联网的时代，给我们提供了很多意想不到的机会，比如刘小姐可以在业余时间做做微商，如果有个好的产品和团队这还是不错的。谁说女子不如男，老婆就一定要靠老公呢？

如果你和刘小姐一样,不小心选择了一个让你失望的老公,你是要选择离开这个不争气的家伙,还是借由他来提升自己的智慧,你自己说了算!

但不管你做了什么选择,自己选择的人生路,有时候,需要你认命啊!

要修复而不要报复

亲爱的朋友,扫描二维码,就可以听到我为你们读的本节内容

> 修复你失望而破碎的心,修复你和伴侣之间的信任,修复你们有裂缝的关系!我知道这对任何人来说都很难,但这是对自己最好的选择。

当你的他背叛你的时候,你会怎么来面对你们的关系呢?

林先生找到我的时候,异常的痛苦,万分的愤怒。他说自己想要报复,因为他非常痛苦、委屈和不甘。林是一个好老公,一直很努力地打拼,也尽可能地照顾好家庭。却没有想到自己的妻子交往了一个异性朋友,在交往期间,林的很多朋友都知道了,他却是最近才知道。很多迹象表明,妻子已经出轨了,但当林先生提出离婚时,妻子却没有同意。林先生为了孩子,为了心中的这份感情,还是有些放不下,就拖延至今。而期间妻子和那个异性朋友偶尔还有联系,林先生内心特别矛盾和冲突,不知道该怎么办。

我可以理解林先生的各种错综复杂的感受和情绪。

当一个人被背叛的时候,那些羞辱、愤怒、伤心、痛苦、委屈、想不通、不甘心等负面情绪,以及"她为什么要这样""她怎么可以这样""这个不要脸的东西""这个无情无义的家伙""这个不顾及家庭的女人""这个被弄脏了的女人"等负面想法,都会不停地冒出来，燃烧着他，侵蚀着他，让他夜不能寐、日不能食，让他的心不再安宁和喜悦，过去曾经的种种美好似乎都灰飞烟灭，不复存在。林先生对未来也不敢去想，因为他已经不再信任这个曾经深爱的女人了，甚至也不准备和不敢相信其他的女人。

所以，林先生想要报复！他很可能准备和这个女人离婚，用离开她来报复她？准备也去找一个人，用自己的不忠来报复她？准备搞臭这个女人的名声，用让她以后没有好下场的方式来报复她？准备让孩子不认这个妈妈，用让她永远失去家庭和孩子的方式来报复她？……

要常常晒一晒阳光的，
不仅仅是衣服和物品，
还有你那颗受伤的心。

我可以罗列出很多林先生有可能想到的报复方式。但我想告诉林先生，以及和林先生一样被背叛深深伤害的人：无论你选择什么样的报复方式，所有的报复伤害的其实只有你自己！当然，还很有可能伤害你的孩子。

事情已经发生了，报复是没有用的，你需要选择的是修复而非报复！

修复你失望而破碎的心！修复你和妻子之间的信任！修复你们有裂缝的关系！我知道这对任何人来说都很难，但这是对自己最好的选择。

首先，在你最难受的时刻，不要做任何决定和任何事情，尽可能地让自己把注意力都集中在工作等其他事情上！

其次，你需要做好几次情绪上的释放和转化。这个当然需要合适的环境和专业人士的协助。男人本来就很容易压抑自己的情绪，但总有一天会压抑不住，从而做出让自己都后悔的事情。所以，情绪的处理是首要的，有些不错的心灵课程，会通过大量的肢体运动及发声的宣泄来帮助学员有效地释放和转换情绪。

当然，一个人心碎的时候，要一下子修复起来并不容易。所以，不要着急，慢慢来，给自己时间！如果可以，给自己找到一个正念很强的朋友，当你又掉进对自己、对爱情、对婚姻的失望里时，可以有人陪伴你、提醒你：持续地选择爱、宽恕和放下。

最后，给妻子一个明确的最后通牒："不离婚，就断绝和那个人的来往，好好回家过日子！否则就各走各路、各回各家。"如果妻子知错就改，愿意为孩子、为你而回归家庭，就给她也给自己一个机会吧。不要把注意力一直放在"她在外面曾经有过另外的男人"上，而要告诉自己"都过去了""放下、放下、再放下"……

　　如果她还是要继续保持和那个人的联系,我想,你就要做好离婚的准备。把自己的注意力集中在修复自己的心灵和好好地创造未来的幸福上。我始终认为:一个人可以犯错,但不能知错而不改!你说呢?

当你认可自己时,老公自然就变了

亲爱的朋友,扫描二维码,就可以听到我为你们读的本节内容

> 如果我们没有自我攻击的内在信念,就不会创造出他人配合我们的生命剧本来演出攻击我们的事件。

最近收到小鱼儿的一封求助信:"我确定老公爱我,可是他脾气不好,不管多小的一件事,只要我做错了,他就会开始说我,给我的感觉就是我在他心里特别没用。他为什么就不能容忍别人犯错呢?而我每次被他嚷一顿就开始委屈、闹脾气,他又开始哄我。怎样才能让他改变,能容忍我的小小无心之过呢?"

我想和你分享一个在心灵成长课程里很重要的观点与方法。很多人在遇到自己无法接受的事情和人时,第一反应都是去改变那件事情和那个人,却不知道,其实改变自己才是最快和最有效的方法。

就像我对来信的小鱼儿说的:"你想要老公改变,变得可以对你容忍,其实不难。那就是你先改变,变得可以接受老公的脾气,你老公自然也会越来越没有说你的劲头了。"

我相信很多人都知道太极里的"以柔克刚",当对方一拳重重打过来的时候,太极高手不会硬碰硬地打回去,而是顺势一接一推,就化解了。很多时候,不少人都是在用硬碰硬的的方式来处理问题和冲突的，而没有以柔克刚。就像小鱼儿一样，她一直在用闹脾气的方式来对抗老公的坏脾气，但这么做的结果很可能就是恶性循环——老婆越来越受不了老公的坏脾气，而老公也越来越受不了老婆的闹脾气，后果就是两个人一拍即崩。所以，老婆改掉自己用闹脾气来对抗老公的坏脾气的做法是解决问题的关键和第一步。

其实，很多人都没有好好问过自己：为什么我会那么在意对方的言行和反应？为什么我会那么轻易地被打扰？我们先不去分析是什么样的童年和成长的经历让小鱼儿的老公一直努力试图控制外在一切的发生，维持着各种"秩序感"和"对错"，很多时候都想要让事情按照自己期待和认定的方向去发生。和这样的人生活在一起，真的不容易，但偏偏在我们身边这样的人还不少。不过，你可能不知道，这些难搞的人，很可能是个特别杰出的演员，他们的所有言行举止只不过是在配合演出而已。说得简单点，是小鱼儿自己内心的信念和模式在创造着老公的坏脾气。我们先来看看小鱼儿的问题。当她冷静下来也会发现，老公纠错的事情，其实不少还是为她好，只是她在感情上受不了，因为有些事情在她看来没有必要那么认真和小题大做。所以，这才是关键。为什么小鱼儿那么受不了被人纠错呢？

事实上，小鱼儿在意的不仅仅是老公的小题大做，她更加在意的是老公这个小题大做带给自己的"你很笨""你不够好"等感受。所以，她力图想让老公改变，来使自己不再碰触这些让自己很不舒服的感觉。但到底是谁在说"你很笨""你没有用""你不够好"……？不是小鱼儿的老公，而是小鱼儿自己！是老公对她的说教，让她感觉"自己在老公心里特别没用"。

一个人之所以会对他人的言行有情绪反应，是因为自己的认定和解读，而非他人的言行，一个一直在自我攻击的人才会常常受到他人的攻击和指责！

　　我用一个形象的比喻来解释这个道理！如果有人指着影星林志玲的鼻子骂她："你是个丑八怪！你是个女汉子！"你觉得林志玲会有反应吗？我相信林志玲如果有反应的话，那个反应绝对不会是"哦，是啊，我真丑！我是男人婆！"，而很可能是觉得那个人在无理取闹，那个人很可笑，会一笑了之。所以，如果小鱼儿是一个很聪明的人，当老公揪出她的一点点过错，她不会感觉到很委屈，不会感觉到自己无能，而是会觉得老公好可笑、好可爱，怎么会纠结于那么一点点问题呢？甚至会觉得老公过得好辛苦、好可怜，为那么小的一点点事情都要操心，过得那么不放松！这时候，小鱼儿就不会被自己的委屈所困扰而对老公不依不饶地闹脾气。相反，她很可能会对老公一笑，说："亲爱的，我知道了！放心，不会有下次啊！"或者对老公撒个娇，说："亲爱的，你放松一些，这么小的事情，你大人不计小女子过啊！"

　　这就叫以柔克刚，同时也就是说，如果我们没有自我攻击的内在信念，就不会创造出他人配合我们的生命剧本来演出攻击我们的事件。

　　让我们一起，试着做个自爱一些的女子，不要揪着自己的小过失就否定自己，借用他人的言行来攻击自己！努力做个智慧一些的女人，不要揪着老公的毛病不放，用自己的脾气去磨光对方的耐性。

　　我们想要让身边的人能慢慢容忍自己的小小无心之过，首先是自己不要放大自己的小小无心之过，也不要放大对方的"不宽容"。

　　甚至，还要好好谢谢对方。因为他就是来帮助我们看到自己的内在有多么不接受和不认可自己，所以，对方才通过不停地纠正你的小毛病，不断地创造你的不舒服的方式，来让你碰触自己人生最大的课

题——"我很笨""我不够好"等这些负面的认定!

当一个人开始学会接受和认可自己时,身边的人自然也会有改变的。你不妨试试吧!

颖姐心语

从事心理教育和心灵成长培训二十多年来,我帮助过不计其数的人,也见证了他们的转变与奇迹。虽然这些人的人生故事和挑战各异,但都有一个共同点,那就是:当一个人开始把焦点完全集中在自己身上,开始学会接受和认可自己、努力调整与改变信念时,很多看似无法解决的外在问题与困境都会被轻易地解决。

亲爱的,如果你还总习惯于把注意力放在改变他人和世界上,那你正在走一条全世界最困难的路。因为,人对了,世界才会对;境随心转,让我们从心出发吧!

用对方需要的方式去爱他

亲爱的朋友，扫描二维码，就可以听到我为你们读的本节内容

> 我们对于爱的付出，有的是出于爱，有的是出于需要，还有的是出于内疚。以吸引定律来说，爱会吸引爱，需要和内疚都会制造压力和逃避。

你听过这样一个故事吗？

一对金婚夫妻，在庆祝的餐桌上，当服务员端上一盘鱼后，妻子刚刚伸出筷子，丈夫就深情款款地说："亲爱的，我来。"而后非常熟练而麻利地把鱼头和鱼尾夹断，夹进妻子的盘子里。同桌的其他人都羡慕地看着这温情的一幕，没有想到，刚才还特别开心的妻子突然脸色大变，哭了起来。丈夫还以为自己把妻子感动了，连忙说："亲爱的，感动就好，不要哭啊，这么开心的日子。"谁知道妻子哭得更大声了，一边哭一边说："我都吃了五十年我最不爱吃的鱼头和鱼尾，今天这么特殊的日子了，你还要我继续吃。"丈夫听完，老泪纵横："从我娶你进家那一天起，我就一直把我最爱吃的鱼头和鱼尾让给你吃，结果你……"

当然，这只是个故事，但在很多的亲密关系里却一直在发生着，你发现了吗？也就是，我们都很爱对方，都忍痛割爱般地把自己最

当你想要去爱对方的时候,不妨想一想:他需要什么?

爱、最喜欢的给对方，却不知道，其实自己给的却不是对方需要和真正喜欢的。我们都在用自己认为对的方式去爱对方，却都没有用对方需要的方式去爱他！因为我们都误以为牺牲和委曲求全就是爱。

古典美的小曼，是一个很受朋友欢迎的人。但不知道为什么，却在恋爱关系上几经挫败，明明感觉不错的关系，一开始也很愉快，但到后来却变成男方会逃避，最后不了了之。她说："在和男朋友相处的过程中，一旦我认定对方，就会比较主动，但是男生有的就开始逃避，给自己一种'我做了很多，却依然被辜负'的感觉。"

为什么一个人付出很多，但对方却不领情，还会逃避呢？这是因为你付出背后的动机有问题和没有付出到点子上，也就是前面说的"你给的，不是对方需要的"。

我们先来看看一个人付出的动力机制吧。不同的人有不同的动机，比如：有的人是——我就是爱这个人，我就是想要对他好；有的人是——我

认定他了，我要把自己所能想到的都给对方；有的人是——我对他好，是想他更爱我，也对我更好。而小曼的主动和付出，是想尽快将生米煮成熟饭，让关系深入和确定。

在和小曼的交流中，我发现她的付出背后还有一个深藏起来的动机，那就是：我主动，我付出，我尽可能做得更好，是因为我内疚，我想把自己曾经没有做到的做到。

而小曼的内疚和自己生命中一个很重要的男人有关，那就是她的父亲。小曼和自己的父亲相处得不是很好，小曼说："小时候他对我很好，但是他的脾气不好，常抱怨别人，我只能尽量不理他，可觉得好像这样做也不对。"小曼现在在和异性交往时，其潜意识里有很多补偿的心态，是因为自己对爸爸的歉疚，感觉自己没有给爸爸足够多的接纳和爱，自己在逃避。所以，小曼借由对另外一个自己认定的男人的主动，来让自己感觉到：我还是有爱和会付出的……

总之，我们对于爱的付出，有的是出于爱，有的是出于需要，还有的是出于内疚。以吸引定律来说，爱会吸引爱，需要和内疚都会制造压力和逃避。此外，其实男人们天生都是有征服欲的，在两性关系里掌握一定的主动权和追求感，是很多男人的需要。所以，小曼的主动和付出，不仅仅在无形中造成了压力，还让男人们不太有"英雄感"，难怪男人们都会在后来离小曼越来越远了。

我给小曼的建议就是：如果对爸爸有所歉疚的话，就好好地修复一下父女关系。无论爸爸再怎么烦人，都不能用一边尽量不理他，一边自责的方式来相处。一个人总是抱怨，是因为他一直都没有得到足够的关注和重视，是缺乏爱的表现。我鼓励小曼找个时间，和爸爸好好谈谈心，一方面要谢谢爸爸对自己所有的好，另一方面也可以让爸爸了解自己为什么会逃避他。

当然，谈心不一定会让一个人的性格大变，但至少可以让两个人越来越了解，让两个人的关系有机会慢慢恢复正常，而小曼也不会那么的内疚和自责。

而对于男朋友，如果不想对方越逃越远的话，就一定要修正自己相处的方式。不是说女人不能主动，但主动的女人，如果方法不当，会给男人压力，而且无法满足他们要征服世界包括女人的感觉和需要。同样的，还是谈心，和男朋友谈谈心，了解他真正的需要是什么。两个人的谈心不一定会解决关系里的所有矛盾，但至少可以有机会更加了解对方，让关系有可能更加亲密。

很多时候，我们总是在用自己以为好的方法去爱人，却不知道对方真正需要的是什么。两性关系相处之道就是：用对方需要的方式去爱他，而不是用自己喜欢的方式！

要不要偷看爱人的手机

亲爱的朋友，扫描二维码，就可以听到我为你们读的本节内容

> 其实，你要担心的不是你的他是否会和别人玩暧昧，而是自己的内心不够强大。

当你不小心翻到对方手机里自己不想看到的内容，你会怎么办呢？

"老师，最近我没忍住翻了我男朋友的手机，不出所料看到了不该看到的。他和一个女孩子在聊天，内容涉及'抱抱''我想你了啊''我来和你睡'等。从我的直觉来看，这个女孩子应该不是那种随便的人，因为她都没有很正面地回应我男朋友那些暧昧的对白，在我看来更像是我男朋友对她有好感。

"当天就和我男朋友摊开来说了。他解释说和那个女孩没什么关系，他只是瞎聊聊的，他们是隔一段时间聊一下。我问他说出这么暧昧的话的原因，他说他觉得这些话很肤浅，不能对我说。他一直强调跟那个女孩是没有感情的，说他是爱我的，他也只会有我一个女朋友。后来也对我讲了一个他前女友的故事，说那时候他前女友是和别人暧昧被他发现，所以他现在能理解我的感受，也觉得很对不起我。第二天晚上他喝酒了，还哭了，说觉得很对不起我，他可以跪下来求我原谅，我心一软就原谅他了。

"老师,我现在心里的刺没有完全拔除,开始疑神疑鬼,我不知道该怎么办,不知道他的话是否可信,心里有好多疑问。现在,他的手机不给我看,而且还很刻意地放在身边,对此我是很不满意,也不放心。希望老师可以给我一些感情上的指导,谢谢了!"

亲爱的,你翻看过爱人的手机吗?我要提醒你:如果你的内心不那么强大,你一旦也翻看到自己不想看到的内容,你心里的刺就会和上面这位来信的金粉一样,一直都在那里了,而且自己还会不断地去碰它、不断地自找烦恼。

其实,我很能理解这位金粉的心情。因为,我以前也翻过我男朋友的手机,而且是"光明正大"地查看。

我记得第一次看他手机是在一天的凌晨,他睡着了,但沙发上的手机却连续响了好几次。女人的直觉让我忍不住看了一下,结果,真的……让我晕。

消息是他前女友发的,说"想他""等他",问他"说过要娶我的话还兑现吗",说自己"就是要嫁给你"。

那一夜我没有睡好,因为我才发现他还有没有处理好的关系,但我没有叫醒他。第二天,我估计是他看完消息,同时发现我有些不对劲,就直接问我"是不是看到了信息",我说"是",他问我为什么不叫醒他,我微微一笑,说:"叫醒你干吗,呵呵,你处理好就好啊!"

事后,他处理得很好,我没有再发现过类似的信息。但我依旧翻他的手机,有时候是公开的,当着他的面,有时候是背着他。一开始,他表现得蛮接受的,说随便我翻,他是值得信任的。后来,我慢慢感觉到他对此其实是不太乐意和有些反感的。其实你想,每个人都有自己的空间界限的,即便自己没有做什么对不起对方的事情,但总

被"督察""检查"的感觉还是不舒服的。而事实上,不舒服的不仅仅是他,还有就是翻手机的我,入侵他人私密空间的感受特别不好,尤其起因是自己的不信任和缺乏安全感。

后来,我就慢慢地不再翻他的手机,因为觉得没有意思。

当然,也许你做不到,因为我是一个经历过各种风雨的、内心比较强大的女子,而你有可能是那种把自己的未来和所有希望都寄托在男朋友和未来老公身上的人。

你要担心的不是你的他是否会和别人在玩暧昧,而是自己的内心

放下需求的给予才最美,
没有条件的付出才最真,
全然信任的关系才最稳。

不够强大。就像我和这位来信的金粉所说的:"也许你的男友在报复之前女友玩暧昧带给自己的伤害,也许你的男友还是一个没有真正长大而抵不住诱惑的男孩,也许他真的可以做到'改邪归正',但那都是他的事情,和你无关。和你真正有关系的是:你怎么才能让自己的魅力提升,你怎么才可以更吸引男友,你怎么才能和男友建立一种超级信任坦诚的关系。不过,这个可能是我自己理想中的境界,我之前也和我的他无话不说、无情不调,但日子久了,还真有些平淡了。"

所以,试着不要把焦点放在对方是否会有问题上,而是先打造自己内心的力量。当一个人的力量足够强大时,遇到一些难以接受的事情依旧会伤心,但不会不知所措和特别被动。

有时候,一个人内心的强大是靠一个又一个的伤痛磨炼出来的。所以,不要害怕遇到各种问题,只要带着对爱的坚守和信仰,所有的问题和伤痛将会帮助你成长,这会是最珍贵的生命礼物。

我们不冷战了,好吗

亲爱的朋友,扫描二维码,就可以听到我为你们读的本节内容

如果你在和你的他冷战,请主动地走向对方,温柔地说:"亲爱的,我们不冷战了,好吗?我好冷,我需要你的拥抱!"

"我结婚四年了,老公比我小两岁,我现在有儿有女,儿子六岁,女儿三个月。我们是自由恋爱,老公有一些内向,刚结婚时经常吵架,磨合一段时间我的脾气小了许多。最近我们因为一些小事情开始冷战,现在已经一个多月了,我们以前也冷战过,只是这次时间比较长。

"我现在很辛苦,一个人带孩子还要看店挣钱。回到家很累,也不想跟他多说什么,就这样一直冷战,他挣钱也没给过我,有一次三天三夜不回来。这样的日子,我是一天也不想过了。儿子平时是他奶奶照看的,如果她有事就不想照看,我一个人就得带两个孩子!

"我不知道我应该内心强大点,继续冷战,还是直接去离婚?离婚,我舍不得儿子,他也知道我舍不得,所以整天我行我素,想不回来就不回来,从来不给我打电话。冷战伤感情。我也疲惫了,他几天不回来我就感觉恶心,更不要提和好,我好纠结呀!"

对于上面这位朋友的来信,我的回答是:"亲爱的,除了离婚,其实你还有别的选择！"

很多人身处婚姻关系的瓶颈时，第一想到的会是放弃，但一时半会儿离不了，就选择冷战。却没有想到，越冷战，两个人的距离就越远，而亲密能治愈一切；也没有想到，除了离婚，其实自己还有别的选择。

你为什么一直要和自己过不去呢？你以为你是在和他冷战，其实都是在和自己斗气而已。你冷战的时候，是不是会一直在心里嘀咕着对方的不好呢？会不会越想越生气？再加上看到他没有半点改变却还很嚣张的样子，是不是就更加生气了呢？

什么样的人生状态最让人纠结呢？就是你这样的，一只脚在里，一只脚在外。你们虽然在婚姻里，却用一种不在这种关系里的状态相处，并且还相互折磨，何必呢？

所以，我对来信的她说："你要么就下定决心离婚，反正你现在也没有依靠他，一切都要靠你自己！你又不是没有这个能力。你要么就试着让自己重新做回女人，回到妻子的位置。不要继续和他冷战了，一个人长期生活在冰冻里，所有的能量都用来对付寒冷了，是无法换位思考，也无法关怀对方的。尤其是你老公本来就小你两岁，很可能在心智上没有你成熟，加上有些内向，就更加无法在情感的冷淡期和高压状态下去做一个大男子汉的。我知道，你一定在内心渴求和期待他给你认错，走近你来哄你开心。但亲爱的，你一直都太强势了，你也一直没有给自己的男人台阶和面子。"

很多时候，夫妻关系就是赌气堵坏的，女人总想着要对方哄，却不知道男人最怕哄女人，因为他们从和女人谈恋爱到结婚，一直都是想哄对方开心的，可结果就是越哄越失败。于是，很多男人就会退缩，把自己的痛苦和失落掩藏起来，表现得无所谓的样子："你不需

要我,对吧,正好,外面的世界很精彩,有什么稀奇啊!"

亲爱的,你愿意看到人性中的美好吗?你愿意相信,其实每个人在谈恋爱和结婚的时候,都是想着要和对方好好携手一辈子的吗?你愿意明白,没有人愿意过你们现在这样的生活,没有人愿意自己的婚姻以失败告终吗?你愿意接受这样的论断:如果你有多么的失望和伤痛,他此刻也和你一样的煎熬吗?

亲爱的,没有谁规定一定要男人先主动认错,所以,请清理一下你内心的那些失望和赌气,主动走近你的他,温柔地说一声:"亲爱的,我们不冷战了,好吗?我好冷,我需要你的拥抱!"

亲密能治愈一切!

第五章

准备好了么？迎接更美丽的邂逅

最美的爱情、最美的邂逅，需要有最美的主角才会发生。
无论是失去，还是尚未遇见，你要做的都是全然绽放自己。
请记住，被拒绝不等于你不值得被爱，有没有爱情，都要好好爱自己！

做真实的自己才能获得真正的爱情

亲爱的朋友,扫描二维码,就可以听到我为你们读的本节内容

做真实的自己吧,这样你才可以收获真正的爱情,因为他爱上的不是假象,而是你!

小乔出现在大家面前的时候,小伙伴们都惊呆了。一身粉色的长裙,大波浪头,脚穿一双14厘米的超高高跟鞋。看着她小心翼翼走路的样子,不但她自己不习惯,所有看的人也都不习惯。这完全不是小乔的风格,那个豪放、顽皮甚至有些男性化的她,被这全新的行头弄得非常束手束脚。大伙尖叫着包围住了她,问她发生了什么事情,小乔笑而不语。"乔,你不是要去相亲吧!?"小乔脸一红,把手中的小包挥向提问者:"啊,你猜中就好,那么大声地说出来干吗。"而后扑向对方,但高跟鞋不给力,小乔一个踉跄,差一点摔了个跟头,好在边上的朋友一把扶住了她:"乔爷,这个样子才像你啊,不过不要激动,当心把这么美的鞋和裙子都毁了。"小乔也意识到自己又原形毕露了,理了理裙子后一屁股坐进了软软的沙发里,长长地出了口气。"我也没有办法啊,这次相亲的对象实在太帅,而且条件超级好,百分百高富帅,看着他的照片我就已经喜欢得不得了了。但介绍人一直嘱咐我,一定要体现出自己的女人味,因为对方明确地告诉介绍人,他喜欢长发飘飘、温柔贤淑、知书达理又有女人味的,只要符合他的标准，城外的别墅就等着这个她去打理和装修成婚房呢。"看着小乔一副还没有开始就已经投入的样子，一朋友忍不住问："乔爷，你这身装扮可以撑多久啊？到时候这帅哥发现你的庐山真面目，你怎么办啊？"小乔瞪了一眼对方，说："到时候的事情，那就到时候再说！先确定了关系，一切不就都好办了吗。"

我不知道有多少人像小乔一样，在恋爱之初，一味地取悦对方，刻意压抑和伪装真实的自己。多少人和她一样，只想着搞定现在，却从来不去想想未来会怎样？这让我想起一个很经典的故事——国王的黄金床。

一个国王准备用大量黄金打造一张黄金床，床上镶满名贵珠宝。要打造的这张床是如此名贵，所以国王要确立一个合乎全国人民尺寸的标准长度。于是他量了全国所有成年人的身高，加起来后再除以全国人口的总数，得到了全国人民身高的平均值。再按照这个平均值，打造了这张床。每天晚上国王一定要请一位大臣或百姓睡上这张名贵的床。如果这个人太高，躺不下，国王就会叫一个刀斧手量量这个人的身高，然后用斧头砍去多余的长度，好让他能刚好躺在床上。假如躺下的人身高不够，国王也会叫出两个大力士，一个人拉住他的肩膀，一个人拉住他的双脚，用力向外拉，将这个人刚好拉到这张床的长度。一定要让躺在床上的人符合床的长度，是国王每天一定要做的事。

听完这个故事，你一定觉得这个国王是个神经病！残忍！不可理喻！对吗？但你知道这个国王是谁吗？他就是小乔，就是你自己。因为你也经常用同样的方式对待自己。在你心中，也有一张如此名贵而又标准的床，只可惜这个标准，你都是按照他人的需要来设定的。所以，遇到一个人，你会觉得自己太高，而把你自己砍下一截；遇到另

外一个人,又会因为自己太矮而抬起脚尖让自己感觉高一点。这是大多数人在生命和爱情中呈现出的状态——不敢做真实的自己。

你现在正睡在谁的床上呢?你为了谁的床残忍地自断肢体或者拼

做你自己吧!做那个真实而独特的自己!
假的真不了,而你永远无法讨好所有人。
如果为赢得全世界却要完全失去你自己,
这个没有你的世界再好,要来又有何用?

命拉伸手脚，以便让自己可以躺进去呢？而这样的状态你可以维持一周、一个月、一年，还是三年？但你可以维持一辈子吗？有没有可能因为"江山易改，本性难移"，随着彼此的深入接触，让对方发现你和最初他以为的那个人完全不同，而大呼上当，最后落得委屈了自己不说，而且不但没有得到爱情还背上了"骗子"之名呢？当然，反过来，对方也很可能用压抑、伪装的方式在和你相处，所以，到后来双方都发现对方不一样了。其实，不是对方不同了，而是大家都伪装和压抑不下去了。

所以，好好想一想：你需要的是一阵子的两情相悦，还是一辈子的相濡以沫？你需要的是一个男人，还是一份承诺？你需要被迷惑，还是被爱上？记住，假的永远都只能换回假的，如果真实的你都不在，爱情怎么可能真正地发生呢？

做真实的自己吧，这样你才可以收获真正的爱情，因为他爱上的不是假象，而是你！

我值得深深地被爱着

亲爱的朋友，扫描二维码，就可以听到我为你们读的本节内容

送你一个爱的咒语："我值得深深地被爱着！"如果你愿意相信并坚持练习，你会吸引到非常美好的一切，包括爱情。

现在先跟着我对自己说一声："我值得深深地被爱着！"无论现在是否有人爱着你，都好好去感受那种深深被爱的感觉。当然，你很可能会说，我还没有那个他，怎么感受被爱啊！其实，如果你还没有他，至少你还有你自己啊，就先好好地感受一下自己对自己的爱吧！因为你值得！

我对秋也是这么说的："秋，你值得深深地被爱着。"秋用她那哭得又红又肿的眼睛怀疑地看着我："金老师，你是在安慰我吧！"我知道刚刚被相恋了3年的男友劈腿的秋，一定会怀疑的。可能在秋和男友的爱情处于罗曼蒂克期时，她会接受。但在失恋的时候，我们满脑袋都是伤痛与心碎，是对对方的埋怨和对自己的攻击，很难从那些消极体验中抽身而出，认定自己是值得深深地被爱着的。所以，我知道秋听到这句"你值得深深地被爱着"的话时并不相信，但还是被这句话深深地触动了，因为我看到她那含泪失神的眼睛开始泛起点点希望的光芒。

如果你还单身，或者失恋了，或者在婚姻中，你不妨也使用一下我给秋这个爱的咒语："我值得深深地被爱着！"并且每天都要在心里默念多次。你会慢慢地发现，你的生活和心情等开始变得越来越美好。因为这句美丽的咒语，会潜移默化地影响和改变我们的潜意识。每每当你对自己说出这句话时，你就发出了一种积极正向的念波，它既帮助你改变潜意识，又帮助你吸引美好的人、事或物。听起来似乎有些阿Q精神，但实际是被心理学等领域证实了的，它符合一种心灵共振原理。就像我们敲响了音调为1的音叉，在附近的音叉中，那些同样是发1的音叉会发生共振，即便我们并没有去敲打它们。

我对秋说："即便此时此刻你的身边还没有出现自己想要的真爱伴侣，即便你已经在感情上历经了多次的心碎，但改变潜意识里对自己和对爱的认定，是每个人获得幸福的唯一出路。"秋的眼睛里的光芒更亮了，我知道她已经有点明白那句咒语的力量和意义了。

当然，秋的重生故事才刚刚开始，她要完成的心灵修复和疗愈的练习还有很多。不过，至少她有了一个好的开始，就是下定决心了断一份不属于自己的关系，重新认定自己的价值和可能性。一个人，无论看多少本心灵成长的书籍，上了多少心灵成长的课程，如果无法将自己的信念从"不值得"调频到"值得"的话，都只能一直活在自己各种纠结的伤情故事中。

在练习了这个咒语很长一段时间后，我们再次见面，秋就像换了一个人似的，很开心地对我说，她很喜欢这个心灵练习，不但让她感觉到平静，还发现自己的面相和气质都在慢慢改变。我也觉得她真的是变美丽了，甚至隐约感觉到她身上的桃花朵朵盛开了。果然，她红着脸告诉我，最近有一个让她很满意的帅哥在约她，而她还没有决定要不要那么快地开始一段新的感情。我对她说，无论她是否接受一份

感情,她都一定要坚持使用"我值得深深地被爱着"这句咒语,因为她真的值得。这次秋毫不犹豫地微笑着拼命点头,我知道她可以开始新的感情了,因为她已经走出了失爱的阴影。

接下来,我就和你分享一下这个让自己爱上自己,植入自己"值得深深地被爱着"的信念和感觉的心灵练习吧。非常的美好,我相信你会喜欢上它的。

每天给自己五分钟,当然,你也可以多给自己时间做多次这样的练习。

第一,发自内心地不停地对自己说:我值得深深地被爱着。

黑暗其实就是光的一部分,
黑暗的尽头就是光的起源。
当光进来,黑暗就不见了,
当爱进来,恐惧就消失了!

第二，借由身边的物品，也许是阳光、花，或者是灯光、音乐，去感受这些物品给予自己的爱。去细细感受阳光照耀在自己身上的温暖，花儿散发的花香滋养着你的细胞，灯光那柔和细腻的光芒包裹着你的身体，音符那动人的旋律进入你的灵魂深处滋养着你。在这些美好的感受里去感觉一份宇宙给予你的无条件的爱与拥抱，可以的话也自己给自己一个拥抱，或者凭着当下的感觉给予自己温柔的碰触与抚摸。

很简单吧！就是去找到和身边的万事万物谈恋爱的感觉，找到自己深深被整个宇宙爱着的感觉，找到自己深深疼惜和呵护着自己的感觉，让这样的感觉充满你全身上下的每个细胞。将这种"我值得深深地被爱着"的感觉，通过你主动的想象植入你的潜意识。从心灵的吸引力法则来看，一个真正相信自己是值得被爱的人，会形成不同的能量场，不同的能量场自然会改变这个人的外在呈现，以及出现在她身边的人、事或物。曾经痛苦万分的秋在改变，变得越来越快乐和美丽，我很喜悦和满足。你也不妨一起试试吧。

有没有爱情，都要爱自己

亲爱的朋友，扫描二维码，就可以听到我为你们读的本节内容

> 我们内心的缺失当然需要爱来填补，但这份爱却不是我们以为的某个特定的他给的，而是每个人要学着自己给自己的。所以，有没有爱情，都要爱自己。

当单身的你被"光棍节"那铺天盖地的各种商业广告狂轰滥炸时，有没有想过："光棍节"，一个人的日子，要怎么过？

我曾经有过走出围城，单身10年，而后又再次步入婚姻的体验。我一直在想一个问题：满世界都是单身的男女，每个人都在渴望着爱情，但为什么就是走不到一起呢？似乎在那个指腹为婚和父母包办的年代，家庭和婚姻都很牢靠，看似爱情少了，但温情得长久。现在我们越来越自由开放，选择越来越多时，一切却变得越来越复杂和困难。

记得我刚刚离婚的时候，一切都是那么的不习惯和不自在，特别是在餐厅、电影院、咖啡馆等场合，看到身边成双结对的人时，心里特别失落，也特别害怕别人的眼光。一个人走到哪里都很别扭，感觉自己就像个异类。最初我一个人去看电影时，总想等电影院里的灯光暗下去之后再进入，其实看电影的情侣们根本不会关注你是一个人还是两个人去看电影，但自己总担心会有异样的目光。后来，慢慢习惯了：习惯一个人点菜吃饭，一个人优雅地喝着咖啡消磨午后时光，一个人看场午夜的电影，一个人走在回家的路上，一个人来一场说走就走的旅行，因为要生活。但再怎么习惯，心底深处总有个空洞，充满期待和失落，那都是无法用这些活动来填满的。

如果你一直单身着，有没有问过自己：在一个人的时候，用什么来填满自己内心的空洞？当一个"光棍节"都可以被商家们借题发挥、炒得沸沸扬扬，淘宝可以在这一天产生惊人的营业额的时候，你就知道这个世界的人们太寂寞了，狂购、狂吃，或者去做些刺激的事情，企图填满内心的那份缺失。却没人知道，心灵的空洞即便是爱情也无法完全填满的，否则为什么有些拥有爱情和婚姻的人，却一样的寂寞呢？其实，很多人一直都在爱情的误区里来回打转。在我们生命孕育和成长之初，借由父母的给予来感受爱。于是，我们在潜意识里就形成了这样的一个定势：爱就是被他人接纳和给予。可你想想，每个人都在找寻一个可以满足自己需要的他的话，谁还能找得到呢？这就是为什么就算在找到他之后，还有不少人会感觉失望、不如意，甚至想要逃离的原因。因为没有一个人可以满足我们百分百的需要。

我们内心的缺失当然需要爱来填补，但这份爱却不是我们以为的某个特定的他给的，而是每个人要学着自己给自己的。

所以，有没有爱情，都要爱自己。

如果你现在单身，请先好好享受你单身的日子。

我知道要做到这点真的并不容易，因为我就是这样走过来的。你的身边那些成双结对的情侣总是在刺激着你的神经，会让你在心里特别失落。但不要为了顾及他人的眼光，而自己始终宅在家里，否则你怎么可能有机会找到另一半呢？如果你为了避开这些不舒服的感觉而

无法去享受和游玩的话,这样的单身生活不但过于乏味和枯燥,同时你自己也会变得越来越没有自信。所以,把自己的业余生活好好安排起来,把自己打扮得漂漂亮亮地出门,去做一些让自己感觉到开心幸福的事情。

至于那些伤心的往事,就尽可能地放在一边。有些人之所以长期单身,是因为放不下过去的那个人。你一定要明白,你一直在找寻的是被爱的感觉,而不是一定要那个特定的人爱你!如果你用超级自我的大脑意识认定"我的幸福只有这个人才可以给我",你会因为这种固执而让自己失去了和真爱相遇的可能性与机会。试着放下对过去的

真正美好的爱情,
不仅仅让你遇见爱,
还让你遇见最美的自己!

执着，把你心灵的空间腾出来，才有机会让真爱进来！

最后，送给你一个小故事：有一个人经常出差，经常买不到火车的座位票。可是无论长途短途，无论车上多挤，他总能找到座位。他的办法很简单，就是耐心地一节车厢一节车厢地找过去。这个办法听上去似乎并不高明，但却很管用。每次，他都做好了从第一节车厢走到最后一节车厢的准备，可是每次他都用不着走到最后就会发现空位。这是为什么呢？第一，大多数乘客轻易就被一两节车厢拥挤的表面现象迷惑了；第二，因为像他这样锲而不舍找座位的乘客实在不多。

爱情其实也一样。不必担心你这辈子会遇不到一个爱你的人，不要活在自己失去过爱情的阴影中。要向这个总是可以找到座位的人学习，坚持去寻找，而且是带着对爱的信仰去寻找。那么，总有一个属于你的他在等待着被你发现。

接受才是改变自己的开始

亲爱的朋友,扫描二维码,就可以听到我为你们读的本节内容

当一个人接受自己时,才会变得放松。而当一个人放松时,改变才能较容易地发生。

你接受现在的你自己吗?你对现在的你是否有着很多的批判、挑剔和不满,而时刻想要改变?

你爱你自己吗?是否你感觉到自己没有爱的能力,也不知道什么是真正的爱自己?

徐小姐,从小被母亲严格教养,像男孩子一样独立能干,争强好胜,赚钱养家。母亲重男轻女的观念很重,弟弟出生后都事事以儿子为先。现在徐小姐到了结婚年龄却总是找不到适合的人,感觉自己爱的能力很弱,害怕自己成立家庭后跟母亲一样事事操心但又事与愿违,担心自己也会重男轻女,成为孩子的操控者。

徐小姐跟我说,她每时每刻都想改变自己的性格,希望变得更加女性化、温柔、沉静,不要强势。3年过去,表面上看好像成功,但骨子里操控人的性格还在。她感觉非常迷茫,心很累。

不知道有多少人和徐小姐一样,是在重男轻女的环境下长大的。在这样的家庭环境里长大的孩子,都在努力证明自己是值得被爱的,努力不让父母失望,但无论他们取得多少成就,始终都感觉不到自我满足和喜悦。

一般情况下，在缺失爱的环境里生存，很容易让人感受到自己没有爱人的能力，因为爱的表达从小受到了严重的阻碍。但我想说：

无论你用什么样的方式表达爱，都不要否定自己爱的能力。

很多的时候，我们会以为爱是温暖的、温柔的、是以建立亲密关系为导向的。但爱的表现有很多种，爱有时候是坚强的、独立的，是以强大自我为目标的。

就拿徐小姐来说，其实她真的是一个超级有爱和善良的人，否则，她不可能在父母重男轻女的观念下、在小时候被忽略的状态中，还让自己成为一个很成功的人。

无论徐小姐是否把自己现在取得的一切视为仅仅是表面的成功，还是她有着对自己很多的不满和对未来的担心，我都要对徐小姐说：

"你一定要记得，是你的爱，是你对父母的爱，才让你拥有了独立、能干、不服输、坚强等非常优秀的品质。所以，你爱的能力很强，而不是很弱。只不过，你把这份爱全部用来努力证明你自己和赢得父母的认可上了，而没有用在爱自己身上。当你从现在开始学会爱自己时，你会慢慢感受到自己是那样的充满着爱。"

徐小姐问："什么才算是爱自己？"

我说："爱自己，不仅仅是听从自己内心，去做自己喜欢的事情，照顾好自己的感受和心情。爱自己还有一个最重要、同时也是最基本的表现，那就是接受现在的自己。"

就拿徐小姐来说，因为她有着对自己的各种不满，自然就会产生很多的担心。小时候，徐小姐没有得到父母足够的爱，她就努力表现自己、逼迫自己，让自己尽可能地变得接近父母的期望，尽可能不输给弟弟。徐小姐的潜意识让她用"虽然我是女的，但我不会比男人做

得差，男人可以做到的，我一定也可以……"这样的信念一直在塑造她的个性、思维方式、行为习惯，进而塑造了她现在的人生。我想，很多女人就是在类似的心理动力机制下，最终把自己培养成了女汉子的。

一个女人本应该是如水一般的，柔软、温柔、沉静。所以，如果作为女汉子的你，对自己目前已经形成的强势、控制、逼迫等个性特征不接受，是很正常的。谁不想让自己成为一个可以被男人保护和疼惜，有女人味的小女人呢？

但女汉子们，通常都是在小时候"被逼无奈"才长成这样的，或者说是在成长的过程里，被错误的期望和比较才变得越来越男性化的。如果，现在又像徐小姐那样，继续用"逼迫"自己的方式去改变，你想会是什么样的结果呢？你小时候就开始逼迫自己像一个男人般地成长，是因为你感觉父母不接受你，而你渴望得到父母更多的爱。现在你又继续用"不接受"自己和不爱自己的方式去努力改变自己，那结果又会如何呢？如果说小时候，你没有得到足够的爱和认可，那现在的你，是否反而应该更多地爱自己呢？唯有这样，才可以真正弥补你内心的缺失，而一个人爱自己的基本表现就是接受现在的自己。

因为，只有接受，才能让改变真正发生。

我们习惯用否定、比较、竞争、逼迫等方式来改变自己，但有时候改变过头了，却把真正的自己弄丢了，让自己越来越不快乐、越来越迷茫、越来越累。于是，我们就开始批判那个被父母、被社会、被自己"塑造"过头的自己，感觉自己这里也不好、那里也不好，每时每刻都想改变自己。但我们想象一下，一只已经被充满了气的皮球，如果你拼命地挤压它，想要它改变形状的话，会有什么样的结果呢？

结果一,皮球真的改变了,却因为承受不住压力,破了;结果二,皮球会反弹得更加厉害,甚至还有可能伤到压制它的人。那么,在什么情况下,我们比较容易改变皮球的形状呢?那就是在这个球的气没有那么充足的时候。

所以,接受才能让改变真正发生。接受现在不够完美的自己,接受自己被习惯化的性格、被强化的脾气,才有可能让自己放松下来。一个人放松的时候,改变才能较容易地发生。当你学会感恩自己过去的努力,接受和欣赏这些努力创造出来的自己时,才会真正拥有走向全新自我的力量。

越不完美的自己,越需要鼓励!
越破碎的心灵,越需要温柔相待。

没有"无源无故"的情绪

亲爱的朋友,扫描二维码,就可以听到我为你们读的本节内容

每个人的潜意识里都有一个"自动重现"的功能,会把我们一直压抑在心灵深处、没有疏导的情绪借着身边的人、事或物"翻版"出来,让我们有机会去疗愈过去的心碎。

你有没有被自己的情绪深深困扰住呢?

有些时候,对自己说了很多次"下次不要发火了",但你就是做不到?或者你和老公、婆婆等人的关系里,充满了很多负面的情绪,严重地影响了生活?

就像李小姐一样。她原本幸福的婚姻生活,从婆婆来帮忙看孩子开始终结了。李小姐说:"我接受不了婆婆做事慢、笨拙,总是干预、控制我和孩子,张嘴就是否定和批判。她与我做事风格的针锋相对引起了我巨大的反感和烦躁,言语多有不合。现在因为婆婆,我与丈夫反目(他希望能与婆婆同住,我目前做不到),婚姻岌岌可危。我还记得小时候有一段时间是恨母亲的,母亲对我既严厉又溺爱。请金颖姐帮忙,我该如何化解跟婆婆和母亲之间的矛盾?"

李小姐就是那种被自己的情绪深深影响的人。如果,李小姐想要化解自己跟婆婆和母亲之间的矛盾,首先她需要明白:没有"无源无故"的情绪。

当我们对于身边人的言行特别不满，受到其言行举止特别大的干扰时，首先要反观自己的内心。问问自己：为什么我会有那么大的反应？我对这个人的这些反感，是因为她让我想到了谁？想起了什么事情？这个人每次的表现和言语，让我引发了几岁的时候，压抑在我潜意识里的情绪和感受？

你一定要知道：没有"无源无故"的情绪。这里"源"，是指情绪的源头而非原因。也就是说，李小姐的婆婆让她反感和烦躁，婆婆的言行是原因，但却非源头。正如李小姐自己也意识到的，这些情绪和她的妈妈有关，和她童年积压的"恨"有关。我从李小姐的语言表达中分析，她的这份"恨"和"我不够好""我很笨""我总达不到妈妈的要求""我总做不好"有关。甚至，小时候，她还有可能因为自己动作慢、反应不够快等，受到过妈妈的严厉批评。所以，老人家做事慢、笨拙其实很正常，但李小姐却会产生很大的反应，再加上婆婆对李小姐的控制、否定和批判，都无意中勾起了她小时候的"伤心""愤怒""害怕""紧张"等情绪。只不过小时候的她敢怒不敢言，现在的她才那么反感和烦躁。

每个人的潜意识里都有一个"自动重现"的功能，会把我们在成长过程里没有完成的欲望、没有修复的心碎、没有得到的满足、没有疏导的情绪等用类似的人、事或物来让我们重复体验，直到我们可以从中学习、成长和改变。这有点像考试，你考不及格就需要补考，直到你考出好成绩为止。

所以，人生是我们每个人的灵魂选择修炼的道场，是一个最大的考场。每个人在每天，甚至在每刻都经历着不同的考题。而李小姐现在的考题，就是如何修复她和妈妈的关系。她有两个选择，一个是直

接去修复她和妈妈的关系，另外一个就是借助改变婆媳关系来修复她和妈妈的关系。我建议李小姐一定去上一些亲子关系的疗愈课程，因为有些情绪和信念模式是需要运用专业的手法和工具才能得到很好的转化的。

当然，上课是解决问题的方法之一。但如果一个人受困于自己的情绪和关系中时，还可以做的是：

第一，先去爱你自己内在的那个"笨小孩"。这个"笨小孩"在小时候就特别反感被否定和批判，他有很多情绪一直没有得到很好地疏解。每当他人的言行再次引发你的情绪，你首先要做的是安慰好你内在的这个小孩，告诉他：无论他表现如何，无论对方的表现怎样，你都会爱他，陪伴他。

第二，和你的伴侣做深度的沟通，争取获得对方的理解。把你的现状和生命模式告诉他，请求他的支持和爱！就像李小姐一样，一定要让自己的老公知道，不是对他的妈妈有意见，而是自己处理不好内心的负面感受。李小姐如果一直深陷在自己的情绪和婆媳的矛盾中，同时老公只看到表面的矛盾而不理解她时，这个左右为难的老公，就很可能站到了李小姐的对立面，从而影响二人的婚姻。

第三，不要期待他人做太多的改变。就像李小姐的婆婆，她老人家几十年的思维模式和行为习惯，还真的不是一时半会儿就能改的。你唯一可以做的就是先改变自己，试着不去被他人那些消极的言行所干扰，尽可能地看到对方的付出和背后的爱！

我给了李小姐一个练习：每天刻意找出婆婆的三个优点，并且每天表达对她的关心、欣赏和感谢。如果李小姐可以做到的话，她一定会发现在自己变化的同时，婆婆也在改变。这个方法也同样适用于每个人，找出那个原先让你看不惯的人的优点，而后通过表达对这个人的关心、欣赏和感谢来改变两个人的关系。当然,你也可以继续沉浸在那些不开心中,让矛盾愈演愈烈,如果你觉得这样的生活有意思的话。

亲爱的,不是你的爱人或者家人让你很生气和不舒服,你所有的情绪都是一个积累的过程,都有一个最初的源头。很可能是儿时发生的某件事,很可能是父母对幼小的你说的某句话或者某个眼神,但那时的你没有能力去处理和排解,于是你的潜意识会寻找最恰当的时机来"自动重现",好让你有机会去疗愈过去的心碎。

所以,有情绪不是坏事情,它是一个生命的信号,告诉你有些负面的过往需要被你正视和疗愈。

种豆得豆,种瓜得瓜,一切皆是有因才有果。
若想从人间烦忧解脱,唯有从心出发和改变。

不能再把自己随便地处理掉了

亲爱的朋友,扫描二维码,就可以听到我为你们读的本节内容

缘分只和有没有在对的时间遇到对的人有关,和我们的年龄无关!

在这个世界上,有些人过于看重感情,还没有开始就担心受伤;又有一些人却从来没有看重过自己的感情和身体,用玩的心态来过日子。感情的事情,认真一点无妨,大不了会错过爱,但却真的不能玩,因为真的玩不起——你以为是在玩感情,其实是在玩你自己!

敏小姐说自己是一个单纯、情商超低的女人。18岁认识了一个有妇之夫,因为年轻不懂事,就抱着玩的心态,两人同居,分分合合,如今已15年。曾经他也提出结婚的要求,被敏小姐拒绝了。可是敏小姐现在已是三十几岁了,想到也难找合适的对象,所以向这个男人提出准备跟他过了。没有想到那个他却态度反常,开始逃避,拒敏小姐于千里之外,还提出分手。敏小姐很不甘心,很怨恨他,接受不了这个事实,接受不了曾经那么爱自己的他,如今却会这般怕自己纠缠,想不通为什么他会这样。现在的情况是,敏小姐想忘却忘不了,想放也放不下,很是焦虑,经常睡不着觉……

现实是，有多少人，年轻的时候觉得自己可以玩得起青春，玩得起感情，后来才发现其实是自己玩弄了自己！

敏小姐，已经玩弄了自己15年，搭进了自己的青春，现在还准备继续玩弄自己，搭进自己的后半辈子。好在那个男人聪明，看穿了她的心思，先逃了。表面上看，是这个男人不愿意负责任，实质上是人家也不想和敏小姐继续糊弄下去了。

敏小姐现在这么放不下，不是因为爱他，只是已经习惯和这个男人在一起了，而且，很可能还习惯了那个男人给自己提供的物质保障！

所以，我对敏小姐说："对现在想紧抓不放的自己狠一些吧！你现在想抓住的不是你的爱情和爱人，而是你不敢面对的逝去的青春。如果你现在还只有20岁，甚至25岁，你会提出来要跟这个男人过一辈子吗？我想，不会的。如果你想和他过，早就应允了他之前的要求。你现在不是在爱，而是在怕——怕自己再也遇不到比这个男人好的人，遇不到愿意娶你的人罢了。

"带着感谢的心态说再见吧！你不要认为别人是傻的，看不出你之前没有真正下过决心要和他过一辈子。你也不要仇恨他，你把他当了15年的玩伴，人家没有和你急过，就不错了！现在，人家也只不过是看穿了你的心思，知道你只是害怕年龄大的自己嫁不到好人家，才提出要在一起过的。其实，你真的应该谢谢这个男人，即便知道其实你对他的需要、依赖多过于爱，可是他还是陪了你玩了15年。我相信，期间他为你做过的事情一定不少，让你感动和觉得浪漫的也有很多。你就多多记得这个人的好，谢谢他曾经为你做过的每件事和付出

吧！但这个人再怎么好，你们错过了就是错过了！也许你不愿意从自己已经习惯了15年的生活里走出来，可人生的路就是这样，不管你愿不愿意，你都必须往前走，而无法回头。

"另外，你还要对自己曾经不负责任地玩弄自己的青春说'对不起！'对自己说'对不起'。因为你那么不看重自己，随便就这么消耗了自己最宝贵的15年青春，如果你当初不是玩的心态，或者不是贪图些什么，你可能早就遇到了自己的真爱伴侣，过着幸福的生活。

"所以，只要你可以真正做到下面这两件事情，发自真心地感谢过往和他，同时对自己说'对不起'的话，你的失眠一定会好起来的。你自己试试看，在没有专业人士的帮助下是否可以做到。如果做不到，就联系我，我请专业的老师帮助你！"

最后，我想借敏小姐的故事，对还在单身、还恨嫁的你说：不要像她那样，不认真地对待自己的情感，随便地将就了15年，却又在自己有危机感的时候，准备再次把自己随便地处理掉！不能把自己当作廉价的货品，只要出钱的人还看得过去，也不管自己爱不爱，愿不愿和他过一辈子，就从了。也不能因为自己的年龄渐长，就主动降价，随便将就给自己不满意和不喜欢的人。

缘分只和有没有在对的时间遇到对的人有关，和我们的年龄无关！从现在开始，你要学习尊重自己和尊重爱情！当你学会尊重自己和爱情的时候，你才有可能遇到愿意真正尊重你，想把你娶回家的男人。

希望那些想要"潇洒对待人生"的你了解：如果你曾经很随便地对待自己的感情和身体，那现在请不要继续作践自己！因为，你值得过更好的生活，你可以找到真正爱你的和你自己爱的人！请不要放弃这个信念！

颖姐心语

你怎么认定自己，世界就怎么回应你！这就像电脑的CPU（Central Processing Unit，中央处理器）控制和决定着电脑运作的速度和输出的结果一样，自我价值决定和创造了一个人的生活面貌和成果。如果你发现这个世界和他人没有给你好脸色，你需要做的不是去改变外在的发生，而是去改变你对自己的看法。

亲爱的，外面没有别人，一切都是你内心的投射。

面对两难选择,该怎么办

亲爱的朋友,扫描二维码,就可以听到我为你们读的本节内容

> 拥有"我的人生一定是个喜剧"信念和心态的人,无论你怎么选,最终都会抵达幸福的彼岸。

曾经有一则寓言:有头驴子好几天没吃饭了,饥肠辘辘。结果主人拿了两捆看起来一样多、一样鲜美的草料放在驴子的眼前。这头驴一下子难以决定该吃哪一捆好,犹豫了好久,就在犹豫中活活饿死了!据说这则寓言是法国哲学家布里丹(Jean Buridan)说的,所以,后来人们把那些面对两难时优柔寡断的人称为"布里丹驴"。

生活里,常常遇到和这头布里丹驴同样困扰的人还真不少。总有人问我该怎么做出正确的选择。"我是选择面包,还是爱情?""我是选择事业,还是选择在异地的他?""我是选择爱自己多的人,还是自己更加爱的人?"……

很多时候,让人为难的不是没得选择,而是不知道该选择什么!因为,似乎选哪个都不完美,都要面对某些舍弃,不是让人不甘心就是让人不放心。但涉及感情的事情,我认为还是尽快决定为好!否则,虽然不会像那头驴一样被自己的举棋不定活活饿死,但拖久了,只会伤人伤己、伤心伤神。

每每遇到有人问我要怎么做选择时，我真想自己做个先知，可以帮这个人看到做出不同选择后的人生到底会怎样，而后给出一个明确的指点。但实在抱歉，我能力有限。

小时候，我坚信人定胜天。长大后却发现一些事情并不以自己的意愿和意志为转移。我在拿不定主意和对未来没有信心的时候，会去找大师们指点迷津，有些人还真的看得很准。后来我发现了两个规律：第一，无论哪个大师看得精准得让你感觉到不可思议，但往往准确的都是已经发生的事情。对于未来却无法精准到百分百。第二，无论大师怎么厉害，明明跟你千叮咛万嘱咐，让你不要做、不要选的事情，你还是会我行我素，去选那个很可能让自己也很头大的人，或者去做那些"不该做"的事情。

所以，我就不再期望自己做先知了，因为我知道未来永远都在变化之中。同时，我更加坚信一个职业准则，那就是我绝对不帮人做选择和决定。很多时候，其实我们需要的只是一个可以倾听自己心声的人，一份陪伴和理解，同时我们要的也不是建议，而是那些和自己想法一致的认同而已。

当你面对两难的时候，与其去问别人该怎么选，不如先试着去了解自己真实的内心。找个夜深人静的时候，取两张A4纸，在纸上分别写上：事业、爱情，爱我的他、我爱的他或者物质、爱情……问问自己：如果没有恐惧和担忧，什么才是自己真正想要的？把不同选择后，有可能会遇到的问题一一写下来，看看到底怎样做才会利大于弊。

而后再问问自己：在不同的选择背后，我到底在恐惧和担忧什么？

一个人了解自己比知道选择什么更加重要！

基本上,每个人在生活中所做的任何事,都是受到两个心理需求的驱使。一个是我们想要避免痛苦的原始需求,另外一个是追求快乐的欲望。也就是说"痛苦"和"快乐"成为控制我们生活的主要力量,而我们想要避免痛苦的需求,远远大于想得到快乐的欲望。

所以,这就是为什么有些人选择物质而非爱情,不是物质带给我们更多的快乐,而是我们对于失去物质保障的恐惧、对爱情会产生痛苦的联想太多。

我是一个愿意相信和选择爱情的人,可你是不是,我不知道!去努力试着了解你自己吧!了解什么是自己真正想要的,什么是自己害

每一朵花开都有时间,
每一朵花谢都有花期。
不妨把一切交给时间,
让生命之流给你解答!

怕和担心的，会让你更容易做出选择。一个人基于了解自己而做出的选择，绝对比听从他人的建议而做的选择更加可行。

人生有很多的两难选择，而且每个选择都不会尽善尽美：很多人发现单身的时候渴望结婚，婚后又想要走出围城；和这个人在一起时总想着分手，一旦真的分手却又似乎没有这人不能活；没有豪宅住的时候，情愿坐在宝马车里哭，等到嫁入豪门了却又开始怀念那个一无所有的初恋……似乎人天生就比较矫情和纠结，我想，这个应该就是老天对人性的考验，只有那些依据自己真实内心做出选择，选择后又可以做到心甘情愿地去接受一切的人，才能够顺利通关。

既然未来总是在变化之中的，而我们每个人都无法预知结局，为什么我们不先给自己设定一个喜剧的结尾呢？就像我们看喜剧片一样，无论剧情怎么跌宕起伏、悲喜交加，但因为是喜剧，所以你一点都不担心，因为你知道结局一定是圆满的。那就让我们许一个心愿，现在开始相信自己的人生一定是以喜剧结尾的。在还没有走到人生的尽头时，无论遇到任何不如意都选择保持着希望和信心，这样过起来的日子才比较有滋味。

拥有"我的人生一定是个喜剧"信念和心态的人，无论你怎么选，最终都会抵达幸福的彼岸。

别把自己关在"心灵囚牢"里

亲爱的朋友，扫描二维码，就可以听到我为你们读的本节内容

别人怎么看你不重要，重要的是：你怎么看待你自己！

我收到一封标题为《一个刑满释放人员的求助》的来信，看完后发现：来信的金粉没有真正"出狱"，她只不过是搬了个地方，从国家的监狱搬进了自己心灵的囚牢。前者让她不自由了一年半，但后者却有可能限制她一辈子。

而我之所以要和你分享她的故事，是因为也许看似自由的你，其实也一直都活在自己"心灵的囚牢"里。不过实话告诉你，不仅是你，还有我和绝大多数人都把自己关在里面。

那我们先来看看，这个刑满释放人员的故事：

"我是你的忠实'金粉'，你颇具磁性的声音，让我感到很温暖。

"本来我有很好的前途，由于自己的贪念和不懂法。被判非法吸收公众存款罪，服刑了一年半。出狱后的我最大的困惑就是，我觉得社会上很少人会真正关心像我这样的刑释人员，总会用异样的眼光来看待我们，我们就像是社会的弱势群体，但我们也想得到关心啊。

"我和老公认识7年才结婚的，可惜在结婚后的18天，我就被捕了。在里面的日子，我父母和老公每个月都轮流从南方飞到北方的监狱来看望我，风雨无阻。我很感恩和感动。

"但回家后的我很迷惘，我觉得自己性格变了。回来之后，无形中我在封闭自己，没有认识过新的朋友，几乎脱离了以前的生活圈。看着我身边的同学一个个都结婚生子、买房子、有一份稳定的工作，我觉得很自卑。但是过去的不能够重来。

"我老公说让我学些东西，对将来的工作有用。我不知道能够学习什么，我不想再从事以前的工作，但是又不知自己能够从事什么工作。我没有一技之长，很难再次融入社会。金老师，我该如何再次融入社会呢？"

不知道你看完她的故事，有什么感受和想法呢？

看到这封信标题的时候，我以为会看到一个刚刚刑满释放的人一心想要痛改前非却无法控制自己的纠结。看完来信，我在想，有些人运气就是好，新婚18天入狱，老公没有提出离婚，还和家人一起对她不离不弃，每个月跑那么远的路，花时间和往返路费去安抚她。出狱后，又那么疼惜她、宠着她、照顾她，完全公主般的待遇。可是她却把自己关在"害怕他人异样眼光"的"监狱"里，要求社会给予关注和关爱。

"害怕他人异样的眼光"，其实是很多人的心结！特别是自己偏偏又犯过错，或者在某些方面自我感觉不良好的人，就会特别担心。

心理学上就有过一个很著名的"疤痕实验"。实验者给一些志愿者脸上画上明显的疤痕，却在这些人出门前悄悄将其擦去。可是，志愿者回来汇报自己带着疤痕出门的感受与体验，都是负面的、不好的、不舒服的、被人排斥和瞧不起的。那么，到底遭到异样眼光的是脸上的疤痕，还是心里的疤痕呢？

如果你曾经犯过错,你在他人心中的信任感和位置自然会降低,加上你自己的内疚和不好意思,不担心遭遇别人异样的眼光才怪呢!遇到这样的情况,你只能自己"亡羊补牢",一点点地用实际行动把在他人心中破损的形象修补回来。不要因为害怕就自我封闭,你的自卑不是因为有太多外界的异样眼光,而是因为你自己还没有接受那个曾经犯过错误的自己,你在用异样的眼光看待自己。

面对未知,任何人都会恐惧!
但只有走出自我限制的牢笼,
你才有机会找到真正的自己。

如果你对自己的某些方面感觉不好，比如自己的外貌或者性格、能力有一些不足，或者就是不满意，你也会害怕他人异样的眼光。就像我，出生和成长在贵州，普通话不标准，平翘舌不分是我说话不标准的最大特色之一。但因为我追求完美，渴望被更多的人关注和喜欢，所以，我就特别在意他人的眼光。其实我的节目经常会引发热评，喜欢它的人挺多的，但只要有人评论说我的普通话不标准时，我就特别难过。导致的结果就是，我录音时无法放松，一期10分钟的节目我要录一天。我就是一个把自己关在"害怕别人异样眼光"的"监狱"里的人。你呢，你有没有在什么地方和我一样，因为在意他人的看法，害怕他人异样的眼光，而无法做真实的、放松的自己呢？你有没有和我一样，自己囚禁了自己呢？

　　不过，我已经决定"出狱"了，不再纠结自己的普通话发音。而来信的金粉也真正"出狱"了，在我给她回信之后的第三天，她就非常开心地告诉我，她投了简历而且已经收到了面试通知。

　　亲爱的，你如果也把自己关在心灵的囚牢里，那就赶快让自己"出狱"吧。别人怎么看你不重要，重要的是：你怎么看待你自己！

惊喜，不是等来的

亲爱的朋友，扫描二维码，就可以听到我为你们读的本节内容

一个人生活的重心永远都应该是提升自己！这样，那个让你等的人会有惊喜，或者会有给你惊喜的人出现，因为你已经准备好了。

当一个你很爱的优秀男人让你等他一年时，你会怎么做呢？

"金颖老师：您好！我一直在听您的《金声相伴》节目，感觉很温暖。我很爱一个优秀的男人，我很想跟他一起生活，可是他说要等到一年之后。我每天都想见他，很想看到他，可是他很忙，我很久才能看见他一次。我相信和他有灵魂的约定，一年之后，他会和我在一起吗？我觉得好漫长……"

不去等待的等待，才有惊喜。

为什么这么说呢？先和你说说和"等待"有关的心理效应吧。

心理学研究发现：无所事事的等待比有事可干的等待感觉要长，而且在这个等候的过程中，人们比较容易出现心理失衡的现象。

我们每个人都有过这样的体验：当你在等一个自己很在意的人，而他又迟迟不出现时，我们就总在想：他什么时候到啊？他现在在干什么啊？他到哪里了？他到底有没有想我啊？他到底重不重视我啊？他怎么还没有来？……你会不停地看手机、看微信，看看是否有他的

第五章 准备好了么？迎接更美丽的邂逅　　185

千万不要等候一个"允诺"，
真正爱你的人怎会让你等？
你永远叫不醒那个装睡的人，
也不可能等到那颗并不爱你的心！

消息；会不停地看时间，会在头脑中引发出诸多不怎么美好的联想，最终弄得自己心烦意乱。

而这个心理失衡的现象还有可能发生在：一个人等候了很长时间，却一直没有等到自己要等的结果的时候。而且往往因为这种"悬而未决"的等候，会让人不由自主地投入更多的好奇、渴望、想象和期待，会让我们体验到很多矛盾的、错综复杂的情绪，而这些情绪的体验很容易让人误以为是强烈的爱情。也就是说，你很可能没有真正地爱上对方，只不过爱上了自己等候中的那些期望与想象。一旦你没有等到对方的时候，那种强烈的失落、不平衡、想不通、不知所措等感觉就很可能让你落入情绪的低谷和深渊。

所以，无论那个他多么优秀，无论你多么爱他，当他对你说：请等他一年。你要做就是不等他！不要专门等他！

当你一心想着要等他的时候，就一定会让你日不能食、夜不能寐。你就会在等候中焦虑、紧张、期盼、失望、惊喜，而后消耗了自己的美好时光。本来这些时间，你可以做很多其他同样美好和值得做的事情，比如阅读、旅行、交友、学习，所有这一切都可以让自己越来越有内涵和能力，让你越来越美丽。

给这一年的时间好好做个规划，你的目标只有一个，不是"等他"，而是"提升自我"。看看哪些地方是你一直想去却还没有去的，哪些技能是你一直想学却还没有学的，哪些朋友是值得你去交往的。总之，哪些事情是值得你去做的，就让自己去做！

一个人生活的重心永远都应该是提升自己！这样，那个让你等的人会有惊喜，或者会有给你惊喜的人出现，因为你已经准备好了。

你的心灵垃圾多久没有倒了

亲爱的朋友,扫描二维码,就可以听到我为你们读的本节内容

你先要治愈伤口,把伤口下的淤血和脓挤出来,这样伤口才不会腐烂,才不会在你意志松懈时骚扰你,才不会在你心灵堤坝降低时,情绪泛滥。

你会不会这样?——明明知道不好,却总是控制不住自己?不想发火,却总是一点就爆?想变得开心,却总是郁郁寡欢?不想哭,但夜深人静时泪流不止?……

如果你会这样,不是你太脆弱,自控力太差,而是你的心灵垃圾堆得太多了!

小露是一个很善良的女孩,却有了致命的缺点:生气的时候必须要爆发,发泄出来才会好,也就是所谓的行为过于偏激,爱摔东西。其实,她常常都会很后悔,但下次还是控制不住自己的情绪,而且多半好像都是针对跟自己比较亲密的人。她来问我:"金颖姐姐,我该怎么办?"

一个人为什么总控制不住脾气?我们为什么对亲密的人反而态度最差?不是你脾气不好,而是内心的垃圾太多。不是你不够爱他,而是因为你的心灵堤坝降低了,压抑的情绪自然外流。

所以，你的心灵垃圾多久没有倒了呢？

家里的垃圾几乎天天都在倒，否则屋子里就会又脏又乱又臭。可是很多人从来都没有倒过自己的心理垃圾，很多发霉的记忆和腐烂的感受，都没有得到及时的清理。有些心灵的伤痕没有得到很好的处理和疗愈，只是胡乱贴上一张皱巴巴的纸，上面大大地写着"没有什么大不了"和"一切都会越来越好的"，第一句话是自己对自己说的，强迫自己压抑情绪的，第二句话则是那些心灵鸡汤告诉我们的。

我也常常和金粉说：一切都会越来越好的。这个暗示是必需的。但安慰剂要起作用，是你先要治愈伤口，你要把伤口下的淤血和脓先挤出来，伤口才不会腐烂，才不会在你意志松懈时去骚扰你！才不会在你心灵堤坝降低时，情绪泛滥。

当一个人明明知道自己不应该这样做时，却总是控制不住，而后再失控，后来又后悔自责，是很多成瘾行为背后的心理模式。这个模式就像一个螺旋式下降的漩涡一样，把人带进越来越无法自拔的心灵炼狱中。

要想破除这个模式，你需要找到一个机会，来个彻底大爆发。比如像这个来信的金粉，要想摔就摔，而且要一次摔个够！

一个很善良的人，往往有积压负面感受的习惯，同时对于自己的需求也过于压抑。这些负面感受和情绪，在平时被压抑在潜意识里，一旦遇到自己感觉到不被爱、不被重视、不被理解，就会爆发。有些人会哭，有些人会狂吃，有些人会歇斯底里，有些人会因为不满、生气、发泄而摔东西。但因为人是有自知和自控能力的，当忍不住摔了一些东西后，又会意识到自己不对，就开始控制自己——没有完全不顾及形象和对方感受地把什么都摔了。

可是，问题就在这里，那些压抑在你内在的情绪，并没有因为你摔了东西而得到彻底释放。相反，那些残余的情绪和你的自责、内疚、害羞等情绪，又一起被压抑进了潜意识。这就是你为什么会一次又一次地后悔，却继续一次又一次地失控的原因。

所以，你要做的就是，找到一个安全的地方，找到专业的人指导和陪伴你，把自己内在所有的愤怒、委屈、伤心、内疚、自责、后悔等，通过摔东西等方式，彻底宣泄干净。而且一次是不够的，需要多次。当你内在压抑的负面情绪和能量越来越少时，你的自控力就会越来越强。当你真正摔个够之后，你一定也就不会再摔了，因为没有能量给你冲动让你再摔东西了。

当然，摔够了之后，你还要开始学习情绪管理的方法，定期清理心灵的垃圾，这样做，你就可以不必用摔东西的方式来排除坏情绪了。

天使之所以会飞，并非是它有翅膀，而是它从不负重。
你的人生要腾飞，需要你放下过往，让心灵没有限制。

后记

 亲爱的朋友，扫描二维码，就可以听到我为你们读的本部分内容

听，……

此刻，从我的房间向窗外望去，波光粼粼的湖面，偶尔一只白色的鸟儿飞过水面，这幅画面极其美丽。我真希望你就在身边，和我一起感受这一切。所以，亲爱的，如果你细细聆听，那温暖的阳光里有着我的诉说，那盛开的花儿里有着我的吟唱。我把所有的祝福都放进风里，将所有的爱都融进了光中。请闭上你的眼睛，深呼吸，感受我深深的拥抱！

想再写一本全新专著已经有五年了，但追求完美的我，一直没有找到最恰当的时机。因为，我身跨好几界（电视媒体、自媒体、写作、播音、培训、品牌顾问），要忙的事情实在太多了。同时也因为自己早在2003年之前，就已经出版了五本心理学方面的图书，其中有自己的专著、也有与人合写的。所以，

出书不是自己的目的，超越自己和让你喜欢、让更多的人受益才是初衷。于是，这件事就一拖再拖。

直到2015年的秋天，原中央人民广播电台主持人、现优听CCO（Chief Cultural Officer，首席文化官）川哥，突然给了我一条微信："金颖老师，你来我们优听开档节目吧！"我说："好啊！""你想想节目的名字、内容和定位。""节目就叫《谈情说爱吧》，聚焦都市白领的情感生活和困扰。"就这样，2015年9月1日，我的《谈情说爱吧》第一期节目《当爱已成往事》在优听上线。最初真的很辛苦，总是纠结普通话不那么标准的我，一期十分钟的节目要反反复复地录制一天的时间。不过，笨鸟先飞，勤能补拙，越投入、越付出，回报就越大，我的节目因为收听率和内容品质高获得了2015年优听好声音金榜的"年度最佳情感奖"。

看着自己"费心费力"录制的节目从《谈情说爱吧》改版为《金声相伴》，收听率、订阅人数不断地提升；看到一个又一个的夜晚用心撰写出的文字，集结在一起，现在又配上自己亲自画的插画出版，几度落泪。我的动容，不为作品的完美，而为自己的坚持和努力。

说实话，我是一个很能逼迫自己的人，因为自知天分不高，所以就非同一般地努力。好在自己在心灵成长的道路上学会了运用心灵的力量，否则估计早就把自己累得半死了，还没有什么大的成果。

细细想来，还真的感觉很有意思。三四年前，我就常常说，当画家办画展是我的梦想之一，还说以后我想为自己的书配插画。说这些话时我还没有开始画画，也不确定自己真的有这个天赋和能力，只知道自己有这样一个真实而强烈的心愿。而当这本书已经进入最后的文字排版，出版社约好的插画师也完成了插画小样，发给我确认时，我觉得那不是自己想要的风格，但想换的插画师的时间早就被各种预约排满。突然，有个灵感说，就用自己的画吧。当我说给出版社的编辑听时，自己都还完全不确定，只是抱着试试看的态度。你要知道，我才刚刚拿起画笔自我探索着画了半年啊，却没有想到得到了一个肯定的答复。

现在看到自己这半年的画，每一幅都那么刚刚好地配合了相应的文字内容，不得不让我再次惊叹心灵的力量。"但凡你真心想要，世界都会为你开出一条路！"我希望你会喜欢我的文字、我的声音，还有我的画，它们都不完美、都有成长的空间，但却都有着我满满的爱和全然的用心。

亲爱的，愿世界温柔待你，更请你温柔待己。

无论发生什么，你不是一个人，有我陪着你！

　　此刻，最需要的就是感恩。谢谢我最爱的和最爱我的"超级金刚粉"——我的爸爸妈妈和弟弟；谢谢一路以来一直关注和支持我的每个金粉；谢谢近一年来给予我很多支持和协助的优听团队；谢谢我的心灵教练王婷莹老师，以及在我成长的历程中教导过我的每个老师与心灵教练；谢谢我的挚友张德芬、乐嘉、张越老师、青音、川哥以及其他每个关心和帮助过我的朋友们；谢谢北京大学出版社工作团队的用心支持和协助；还要特别感谢陈姐，没有你一直的鼓励和陪伴，我无法快速走出心痛和人生低谷，更不可能大胆地拿起画笔随心而画。没有你们，我真的做不到。谢谢你们！我爱你们！

　　想说的话还有很多，留着下次和你说吧。欢迎你关注我的微信公众号：amalajin（直接搜索"金颖"也可以查询到），欢迎你去我的微信公众号的公益"心灵树洞"社区留言，或者在我的微信公众号的菜单"我要咨询"里向我私密提问、预约咨询，也欢迎你来参加我在"人人讲"APP上的视频直播微课（你可以在"人人讲"搜索"金颖"，即可查到各个系列的课程）。

　　深深感谢和祝福！你不是一个人，有我陪着你。

2016年7月21日